Easy PaintTool

SAI 绘画设计案例教程

中文全彩铂金版

宋军 汪振泽 肖康亮 刘长万 主编

中国青年出版社

图书在版编目（CIP）数据

Easy PaintTool SAI中文全彩铂金版绘画设计案例教程／宋军等主编. — 北京：中国青年出版社，2020.6（2023.8重印）
ISBN 978-7-5153-5993-9

I.①E… II.①宋… III.①图像处理软件－教材 IV.①TP391.413

中国版本图书馆CIP数据核字（2020）第042736号

Easy PaintTool SAI中文全彩铂金版
绘画设计案例教程

主　　编：宋军、汪振泽、肖康亮、刘长万

出版发行：中国青年出版社	印　　刷：北京博海升彩色印刷有限公司
地　　址：北京市东城区东四十二条21号	开　　本：787mm x 1092mm 1/16
网　　址：www.cyp.com.cn	印　　张：14.5
电　　话：010-59231565	字　　数：348千字
传　　真：010-59231381	版　　次：2020年6月北京第1版
编辑制作：北京中青雄狮数码传媒科技有限公司	印　　次：2023年8月第2次印刷
责任编辑：张军	书　　号：ISBN 978-7-5153-5993-9
策划编辑：张鹏	定　　价：69.90元（附赠1DVD，含教学视频+案例素材
执行编辑：张沣	文件+PPT电子课件+海量实用资源）
封面设计：乌兰	

本书如有印装质量等问题，请与本社联系
电话: 010-59231565
读者来信: reader@cypmedia.com
投稿邮箱: author@cypmedia.com
如有其他问题请访问我们的网站: http://www.cypmedia.com

Preface 前言

首先，感谢您选择并阅读本书。

软件简介

Easy Paint Tool SAI是由日本SYSTEMAX Software Development开发的一款专业轻量级绘图软件，拥有占用内存小、反应速度快、功能简便等特点，是一款专业面向绘画创作的软件，自问世以来，凭借其人性化设计、简便易用的功能等优点深受各国画师和绘画爱好者的青睐。

SAI可以让使用者非常便捷地在电脑上绘制所需的图像，并为用户提供了诸多辅助绘画的工具，以其强大的功能广泛应用于CG绘画、漫画绘制和插画绘制等领域。本书采用最新版本的Easy Paint Tool SAI Ver.2版本制作和编写。

内容提要

本书以理论知识结合实际案例操作的方式编写，分为基础知识和综合案例两大部分。

基础知识篇共7章，对SAI软件的基础知识和功能应用进行了全面的介绍，按照逐渐深入的学习顺序，从易到难、循序渐进地对软件的功能应用进行讲解。在介绍软件各个功能的同时，会根据使用频率，以具体案例的形式，拓展读者的实际操作能力。每章内容学习完成后，还会以"上机实训"的形式对本章所学内容进行综合应用。通过"课后练习"内容的设计，使读者对所学知识进行巩固加深。

综合案例篇共3章内容，通过3个精彩的实战案例，对使用SAI进行插画绘制、CG厚涂风格的图像绘制和赛璐璐平涂风格的图像上色的实现过程进行详细讲解，有针对性、代表性和侧重点。通过对这些实用案例的学习，使读者真正达到学以致用的目的。

为了帮助读者更加直观地学习本书，可以关注"未蓝文化"微信公众号，直接在对话窗口回复关键字"SAI全彩铂金"，获取本书学习资料的下载地址。本书的学习资料包括：

- 全部实例的素材文件和最终效果文件；
- 书中案例实现过程的语音教学视频；
- 海量设计素材；
- 本书PPT电子教学课件。

使用读者群体

本书将呈现给那些迫切希望了解和掌握应用SAI软件进行图像绘制的初学者，也可作为了解SAI各项功能和最新特性的应用指南，适用读者群体如下：

- 各高等院校及高职高专相关专业的师生；
- 从事CG和动画相关的制作人员；
- 插画设计者或画师；
- 对电脑绘画感兴趣的读者。

版权声明

本书在写作过程中力求谨慎，但因时间和精力有限，不足之处在所难免，敬请广大读者批评指正。

编　者

Contents 目录

Part 01 基础知识篇

Chapter 03 SAI的通用工具

Chapter 04 普通图层工具的基本设置

Chapter 05 普通图层工具的应用

Chapter 06 图层的基本功能

Chapter 07 图层的特殊效果与混合模式

Part 02 综合案例篇

Chapter 08 绘制星空背景

Chapter 09 绘制厚涂风格人物头像

Chapter 10 为萌系少女线稿上色

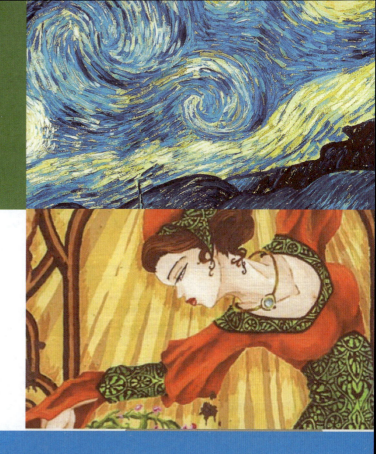

Part 01

基础知识篇

在使用数位板等输入设备在电脑上进行绘画时，SAI是最常用的软件之一，使用该软件可以方便、快捷地进行图像绘制、图像上色、场景绘制等操作。基础知识篇将重点介绍SAI软件的各个功能在实际绘画中的应用，如软件界面的设置、绘画工具的参数设置、图层的应用等。本书采用理论结合实战的方式，让读者充分理解和掌握SAI在电脑绘画中的应用。通过本部分的学习，能为后续综合案例的实战操作奠定坚实的基础。

Chapter 01 初识Easy Paint Tool SAI

本章概述

SAI是当前主流的专业数字绘画软件之一，功能强大、操作简便、应用领域广泛，深受广大绘师的喜爱。通过对本章的学习，读者将全面了解SAI软件的基础知识和操作界面，为进一步的学习使用打下良好的基础。

核心知识点

❶ 了解SAI的基础面板

❷ 掌握如何设置工作区

❸ 了解SAI的辅助工具

❹ 熟悉快捷键的设置与应用

1.1 SAI的操作界面

要学习使用SAI进行绘画，对软件界面的基本了解必不可少。SAI的工作界面大致由"菜单栏""快捷栏""状态栏""视图选择栏""视图滚动条""导航器操作面板""图层操作面板""颜色操作面板""工具操作面板"和"画笔预览"10个部分组成。

其中"菜单栏"被固定在SAI的工作界面上，其它部分则可以通过不同的设置进行显示、隐藏和分离。单击"菜单栏"中的"窗口"选项卡，即可在展开的子菜单中执行相应命令，如右图所示。

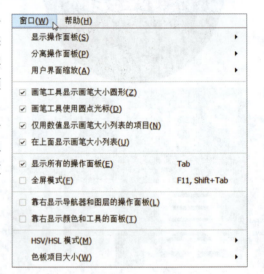

SAI将默认显示所有的操作面板，并将操作面板展示在界面的左侧，如下图所示。本节将对SAI的工作界面进行详细的介绍。

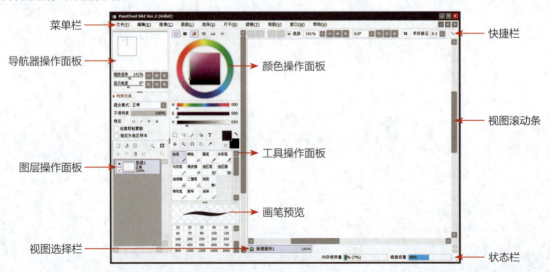

1.1.1　菜单栏

"菜单栏"位于软件界面的最上方，包含了"文件""编辑""图像""图层""选择""尺子""滤镜""视图""窗口"和"帮助"共10个菜单，在对应的菜单下选择所需的菜单命令，即可执行相应的操作，如下图所示。

文件(E)　　编辑(E)　　图像(C)　　图层(L)　　选择(S)　　尺子(R)　　滤镜(T)　　视图(V)　　窗口(W)　　帮助(H)

单击选择某菜单标签，或使用压感笔笔尖单击选项卡，即可打开对应的菜单列表，如下左图所示。

将光标沿展开的下拉菜单下移，停留包含扩展菜单的选项上，即可展开子菜单，显示下级菜单选项，如下右图所示。

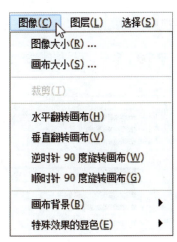
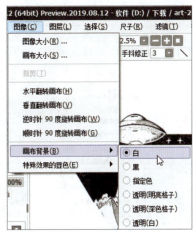

1.1.2　快捷栏

"快捷栏"位于菜单栏的下方，绘图视图的上方，大致包含六种快捷工具，分别为"还原/重做"❶"选区工具"❷"视图倍率"❸"视图角度"❹"手抖修正"❺和"直线绘图模式"❻，如下图所示。

其中"还原/重做"包括"还原一步操作"和"重做一步操作"2个按钮，用于还原或重做一步、或通过多次执行还原或重做多个步骤。

"选区工具"包括"取消选区""反向选区"和"切换显示/隐藏选区的蚂蚁线"3个按钮，用于对选区进行操作。

"视图倍率"包括"设置视图的操作倍率""缩小视图""放大视图"和"重置视图的显示状态"4个按钮，用于改变视图的倍率。

"视图角度"包括"设置视图的显示角度""逆时针旋转视图""顺时针旋转视图""重置视图的显示角度"和"水平翻转视图"5个按钮，用于改变视图的角度。

"手抖修正"用于修正在绘制过程中线条表现的平滑度。

"直线绘图模式"将会确保所绘制的一切线条为以压感做直径变化的直线。

在菜单栏中执行"窗口❶>显示操作面板❷>显示快捷栏❸"命令，可以选择是否显示"快捷栏"，如下图所示。

1.1.3 状态栏

"状态栏"位于软件界面的右下方，主要用于实时显示"内存使用量"和"磁盘容量"，方便用户对使用软件所占用的电脑空间有所把握，如下图所示。

在菜单栏中执行"窗口❶>显示操作面板❷>显示状态栏❸"命令，可以选择是否显示"状态栏"，如下图所示。

1.1.4 视图选择栏

"视图选择栏"位于"状态栏"的上方，绘图视图的下方，使用鼠标左键单击或使用压感笔单击相应选项卡，即可切换绘图窗口，如下图所示。

在菜单栏中执行"窗口❶>显示操作面板❷>显示视图选择栏❸"命令，可以选择是否显示"视图选择栏"，如下图所示。

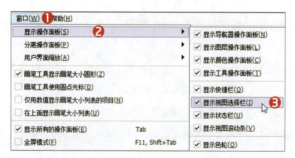

1.1.5 视图滚动条

"视图滚动条"位于绘图视图的右方和下方，分别用于控制视图向上下或左右方向移动，如下左图所示。

在菜单栏中执行"窗口❶>显示操作面板❷>显示视图滚动条❸"命令，可以选择是否显示"视图滚动条"，如下右图所示。

> **提示：主视窗**
>
> 软件中用于显示"视图"的区域被称作"主视窗"，是用于容纳固定视图的重要区域。在SAI中，所有和绘画相关的工作
> 都将在"视图"中进行，可以通过对"视图"进行操作来对"主视窗"进行改变。
> "主视窗"中所显示的"视图"可以通过"视图选择栏"进行切换。

1.1.6 导航器面板

"导航器"面板默认位于软件界面的左上方，菜单栏的下方，主要用于缩放图像倍率和调整显示角度。使用长按笔尖（或鼠标左键）拖移导航预览窗口中的黑色小方框，即可快捷调整视图中所显示的画面，如下左图所示。

在菜单栏中执行"窗口❶>显示操作面板❷>显示导航器操作面板❸"命令，可以选择是否显示"导航器"面板，如下右图所示。

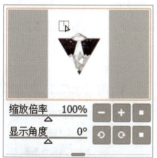

1.1.7 图层面板

"图层"面板默认位于软件界面的左侧、"导航器"面板的下方，主要用于对图层进行各种处理，包括为图层添加特殊效果、混合模式、更改不透明度、锁定图层等，如下左图所示。在菜单栏中执行"窗口❶>显示操作面板❷>显示图层操作面板❸"命令，可以选择是否显示"图层"面板，如下右图所示。

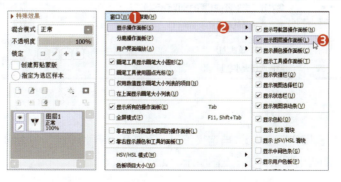

1.1.8　色面板

　　"色"面板默认位于"导航器"和"图层"面板的右侧，可以快捷选择是否显示"色轮""RGB滑块""HSV/HSL滑块""中间色条""用户色板"和"调色盘"，如下左图所示。

　　在菜单栏执行"窗口❶>显示操作面板❷>显示颜色操作面板❸"命令，可以选择是否显示"色"面板，如下右图所示。

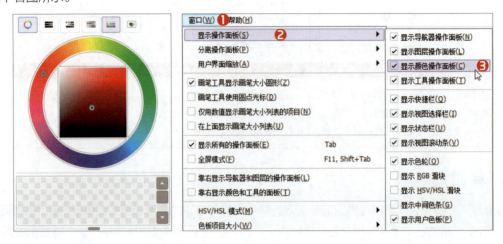

1.1.9　工具面板

　　"工具"面板默认位于"色"面板的下方，包括"通用工具"区域❶、"自定义工具"区域❷、"画笔预览""画笔工具"❸和"参数设置"❹，如下左图所示。

　　在菜单栏执行"窗口❶>显示操作面板❷>显示工具操作面板❸"命令，可以选择是否显示"工具"面板，如下右图所示。

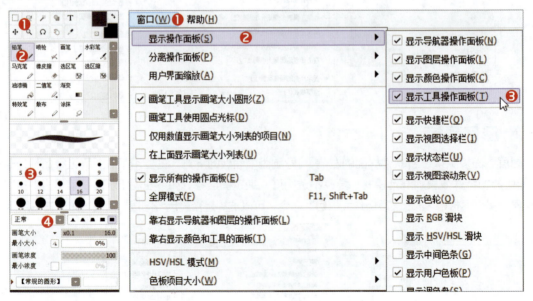

1.1.10　画笔预览

　　"画笔预览"位于工具操作面板中，"自定义工具"区域和"参数设置"的中间，单击任一画笔工具即可出现，用于预览画笔的应用效果，如下左图所示。

在菜单栏执行"窗口❶>显示操作面板❷>显示画笔预览❸"命令，可以选择是否显示"画笔预览"，如下右图所示。

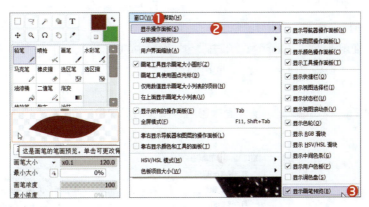

1.2 SAI的颜色面板

在上一节，我们简单介绍了SAI的"色"面板设置。通过切换"色"面板的不同选项，用户可以更加方便快捷地选择所需的颜色。本节将对"色"面板的具体使用方式进行详细介绍。

"色"面板中包含"色轮""RGB滑块""HSV/HSL滑块""中间色条""用户色板"和"调色盘"六个按钮，当选项被折叠的时候，会相应显示为灰色，如下左图所示。将光标移动到图标上，相应的图标则会变成彩色，点击即可展开相应区域，如下右图所示。

1.2.1 色轮

"色轮"是"色"面板中的第一个图标，具体表现为一个彩色的圆环，用于调整色相；圆环内部是一个正方形取色器，用于调整颜色的饱和度和明度。

单击"色"面板中的相应图标，如下左图所示；或在菜单栏中执行"窗口❶>显示操作面板❷>显示色轮❸"命令，即可打开"色轮"区域，如下右图所示。

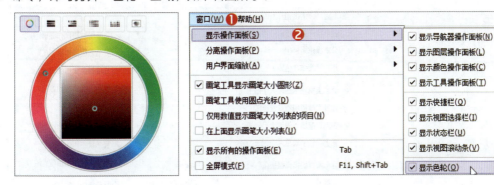

"色相"是颜色的属性，大致分为红、橙红、黄橙、黄、黄绿、绿、绿蓝、蓝绿、蓝、蓝紫、紫和红紫12种基本色相，在环中长按拖曳光标，或在相应区域内进行单击，即可调整所需的色相。

"明度"指颜色的明暗程度。"饱和度"又称彩度，指色彩的鲜艳程度，用于表现色彩的纯度。在正方形中长按拖曳光标，或在相应区域内进行单击，即可选择所需的大致颜色。

1.2.2 RGB滑块

"RGB滑块"是"色"面板中的第二个图标,具体表现为三个可调节的滑块,分别为"R(调整红色值)""G(调整绿色值)"和"B(调整蓝色值)"。

"RGB滑块"主要用于调整RGB颜色,单击"色"面板中的相应图标,长按滑块下方的△进行拖曳,或在滑块上单击压感笔(或单击鼠标左键),即可调整单个颜色的数值,其具体数值将会显示在滑块的右侧,如下左图所示。

或在菜单栏中执行"窗口❶>显示操作面板❷>显示RGB滑块❸"命令,即可打开"RGB滑块"区域,如下右图所示。

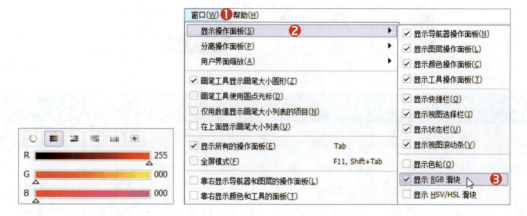

1.2.3 HSV/HSL滑块

"HSV/HSL滑块"是"色"面板中的第三个图标,与"RGB滑块"相同,都是表现为三个可调节的滑块。在菜单栏中执行"窗口>HSV/HSL模式"命令,即可选择具体出现的滑块模式,如下左图所示。

在"HSV/HSL滑块"选项中,"H"代表色相,"S"代表饱和度,"V"代表明度,"L"代表亮度。"V-HSV"是SAI默认的模式选项,在菜单栏中执行"窗口❶>显示操作面板❷>显示HSV/HSL滑块❸"命令,或单击"色"面板中的相应图标即可打开"HSV/HSL滑块"区域,如下右图所示。

长按滑块下方的△进行拖曳,或在滑块上单击压感笔(或单击鼠标左键),即可调整单个选项的数值,其具体数值将会显示在滑块的右侧。

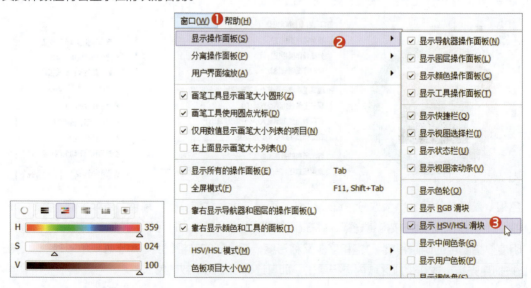

1.2.4 中间色条

"中间色条"是"色"面板中的第四个图标，可以视作一种从所设置的渐变中快捷选取颜色的方式。

"中间色条"拥有四个渐变色条，单击左右两端的方块键，可以将其颜色设置为当前的前景色，如下左图所示。"中间色条"设置完毕后，在色条上长按拖曳光标，或在相应区域内轻点压感笔笔尖（或单击鼠标左键），即可选取所需的颜色。

单击"色"面板中的相应图标，或在菜单栏中执行"窗口❶>显示操作面板❷>显示中间色条❸"命令，即可打开"中间色条"区域，如下右图所示。

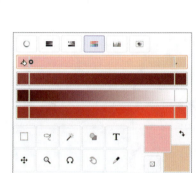

1.2.5 用户色板

"用户色板"是"色"面板中的第五个图标，可以用于储存用户常用的颜色。SAI为用户提供了72个颜色储存位置，足以应对绝大多数情况下的绘画需求。

单击"色"面板中的相应图标，或在菜单栏中执行"窗口❶>显示操作面板❷>显示用户色板❸"命令，即可打开"用户色板"区域，如下左图所示。

在"用户色板"上单击鼠标右键，或单击压感笔下键，即可将当前的前景色添加到"用户色板"当中，如下右图所示。需要从中选取颜色时，只需在相应色块上轻触压感笔（或单击鼠标左键）即可。

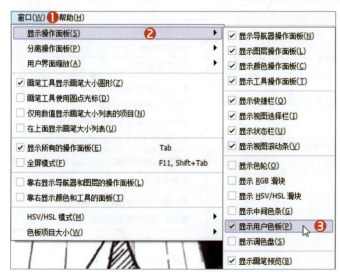

1.2.6 调色盘

"调色盘"是"色"面板中的第六个图标，可以用于储存当前的前景色，并为用户展示前景色的应用效果。单击"色"面板中的相应图标，或在菜单栏中执行"窗口❶>显示操作面板❷>显示用户色板❸"命令，即可打开"用户色板"区域，如下左图所示。

"调色盘"就像一个微缩的画布，在"调色盘"中可以应用除"选区笔""选区擦""油漆桶""渐变"之外的绝大多数画笔，并提供"还原""重做"和"清除调色盘"的选项，同时也可以调整在"调色盘"上应用的画笔大小。

在"工具"面板中选择"水彩笔"，多次设置前景色，并多次在"调色盘"上进行绘制，如下右图所示。在"调色盘"上单击压感笔下键（或鼠标左键），即可对相应的颜色进行选取。

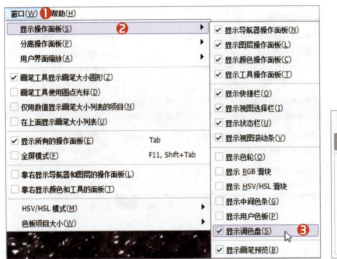

1.3 SAI的窗口设置

了解过了SAI的各种操作面板，我们需要对工作区进行设置。本节将对如何准确判断绘画的需求、根据所需对SAI的工作区进行相应设置进行详细的讲解。

1.3.1 设置工作区

在菜单栏的"窗口"选项卡中，我们可以便捷地对工作区进行所需的设置，如选择分离操作面板，或对软件界面进行缩放，还可以隐藏所有的操作面板，或将某一面板组合靠右显示，如右图所示。

对于操作面板和工作区，用户可以根据自己的使用习惯和喜好进行设置，不具备特殊意义。

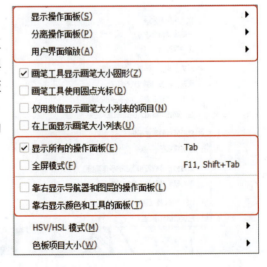

1.3.2　设置画笔模式

在"窗口"菜单中，包含4个画笔模式设置的菜单命令，我们可以根据需要选择相应的选项，对画笔的显示模式进行设置，如下左图所示。通常，如果将四个复选框全部取消勾选，光标会在绘图视图中显示为箭头▷的形式。

勾选"画笔工具显示画笔大小圆形"复选框，光标下方会根据画笔的大小显示圆形实线框，如下中图所示。勾选该复选框，可以方便将画笔大小和所绘制的图像进行对比，通过其效果对画笔参数进行设置。

勾选"画笔工具使用圆点光标"复选框，光标会变成一个小黑点。通过勾选该复选框，可以隐藏光标带来的视觉干扰，同时勾选"画笔工具使用圆点光标"和"画笔工具显示画笔大小圆形"复选框，可以在保证视觉效果的同时，确定画笔的中心点，如下右图所示。

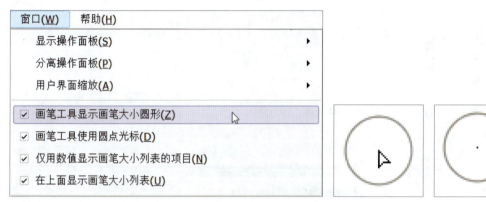

勾选"仅用数值显示画笔大小列表的项目"复选框，在"工具"面板的"画笔大小列表"中的画笔直径将会表现为数字形式，可以在尽量少的空间内展现出尽量多的内容，如下左图所示。

勾选"在上面显示画笔大小列表"复选框，"画笔大小列表"将会显示在"工具"面板的中央、参数设置区域的上方，便于需要快速精确切换画笔大小的用户使用，如下右图所示。

0.7	0.8	1	1.5	2
2.3	2.6	3	3.5	4
5	6	7	8	9
10	12	14	16	20
25	30	35	40	50
60	70	80	100	120
160	200	250	300	350
400	450	500	600	700
800	1000	1200	1600	2000
2500	3000	3500	4000	5000

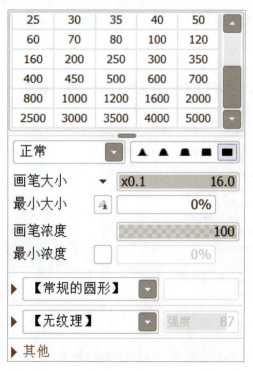

实战练习 根据绘图需要预设工作区

有时候，根据不同的绘图需求，我们需要对工作区进行不同的设置排布，下面将以上色需求为例讲解如何预设SAI的工作区。

步骤 01 根据画布的形状拖动"导航器"面板下方和右侧的控制柄，将导航器显示内容和画布形状控制一致，以方便对图像的具体位置进行选择，如下左图所示。

步骤 02 本示例将主要以"用户色板"中所存储的色彩对图像进行上色，并为图像绘制出柔和自然的过渡色彩，因此需要在"色"面板中选择"显示工作色条"和"显示用户色板"选项，或在"窗口>显示操作面板"中执行相应命令，如下中图所示。

步骤 03 拖动控制柄调整"自定义工具"的显示区域，使画笔进行全部显示，如下右图所示。

  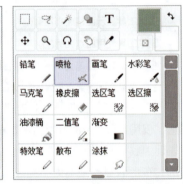

步骤 04 对图像进行上色需要大量变化画笔大小的操作，在菜单栏的"窗口"菜单中选择"仅用数值显示画笔大小列表的项目"和"在上面显示画笔大小列表"，如下左图所示。

步骤 05 拖动"画笔大小列表"下方的控制柄控制显示区域，并通过移动滚动条来显示大致使用的画笔大小区域，如下中图所示。

步骤 06 如用户为右利手，可在菜单栏中的"窗口"菜单中选择"靠右显示颜色和工具的面板"，对工作区进行左右分离，如下右图所示。

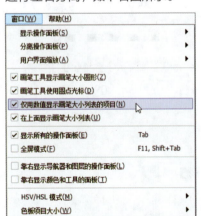 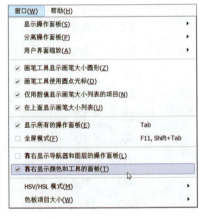

步骤 07 工作区设置完毕，效果如下图所示。

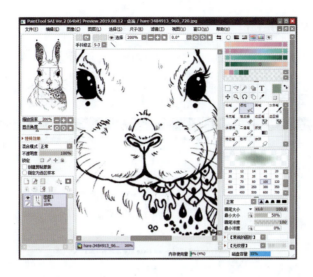

1.4　设置系统预设

除了软件本身所提供的基础设置之外，用户还可以根据自身的需求对软件进行其它设置，如对快捷键进行编辑。在"帮助"菜单栏列表中执行"快捷键设置"或"设置"命令，即可进行自定义相关预设选项，如右图所示。

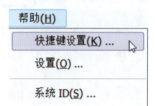

1.4.1　快捷键设置

"快捷键"可以使用键盘上的按键组合来快捷执行各种命令，不过在SAI的实际应用中，由于数位板和压感笔的存在，使用户可以更加灵活方便地应用光标，对命令的执行有时可以根据习惯考虑，而非一定要通过快捷键执行。

在菜单栏中执行"帮助>快捷键设置"命令，即可打开"快捷键设置"对话框，对快捷键进行具体设置。在"快捷键设置"对话框中，我们可以看到各个快捷键所对应的命令。在对话框上方勾选Shift、Ctrl和Alt的复选框，可以展示组合键和它们所对应的命令。

选择"快捷键设置"对话框左侧的某一按键选项❶，根据所需设置的命令，按展开右侧选项的折叠按钮❷，从下拉列表中选择对应的选项❸，单击OK按钮❹进行确认，即可为相应快捷键设置快捷命令，如下图所示。

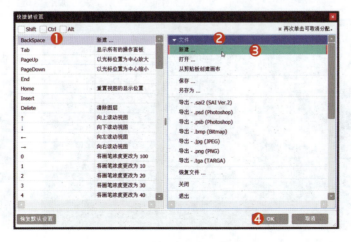

1.4.2 编辑"设置"选项

在"设置"选项中，用户可以对"数位板""键盘操作""历史记录和恢复""环境"和"首选项"进行更多拓展设置。在菜单栏中执行"帮助>设置"命令，可打开"设置"对话框，设置完成后，单击OK按钮对设置进行保存，如下图所示。

- 在"数位板"选项面板中，用户可以根据自己的数位板对软件进行适配的设置。
- 在"键盘操作"选项面板中，用户可以对"工具和功能的快捷键变换操作""工具快捷键的切换操作"和"抑制工具的意外操作"进行设置。
- 在"历史记录和恢复"选项面板中，用户可以对保存历史记录的各种选项进行设置。
- 在"环境"选项面板中，用户可以对"进程优先级"和数据存储的位置进行设置。
- 在"首选项"选项面板中，用户可以对"常规""文件查看器"和"图层"的各种特殊选项进行设置。

1.5 SAI与数位板

使用SAI进行绘画，数位板的协助必不可少。数位板又名手绘板、绘图板等，属于计算机外联输入设备，通常由数位板和压感笔组成，可以通过对数位板本身和SAI的参数设置模拟出真实的笔触绘画效果。

本节将以市面上常见的一款数位板为例，对SAI的实际应用中，数位板的基础设置进行详细介绍。

1.5.1　设置对话框

在电脑"任务栏"中单击安装数位板后出现的对应图标，或单击数位板上的对应快捷键，即可打开数位板的设置对话框，如下图所示。

数位板的"设置对话框"通常包含三个部分，分别为"笔设置"❶、"屏幕映射"❷和"快捷设定"❸。其中"笔设置"可以设置压感笔的按键、压感和鼠标模式；"屏幕映射"可以设置数位板的工作区域；"快捷设定"则可以对数位板上的快捷键相对应的快捷命令进行设置。

对数位板的设置，各大厂商的各类数位板的设置思路基本一致，用户可根据自己的实际操作情况，对数位板的参数进行具体设置。

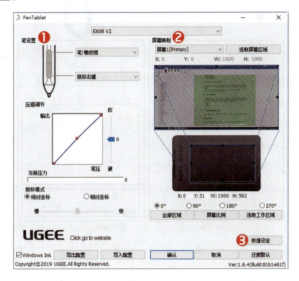

1.5.2　笔设置

"笔设置"主要影响压感笔的操作方式，包括"按键设置"❶、"压感调节"❷和"鼠标模式"❸，如下左图所示。

其中"按键设置"主要是对压感笔笔身上的快捷键命令进行设置，对压感笔上的相应按键，一般默认"笔尖"对应鼠标左键；"下键"对应鼠标右键；"上键"对应"画笔"和"橡皮擦"两种模式的切换。单击"笔/橡皮擦"下拉按钮❶，在所展开的列表中选择所需的命令❷，即可更改压感笔的快捷键命令，如下右图所示。

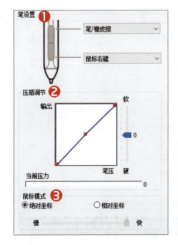

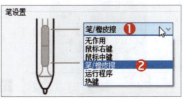

"压感"主要用于调节笔压的软硬程度❶，用户可以根据自己的实际需要设置压感的具体参数，如下左图所示。压感笔通过调整笔压来模仿真实的画笔笔触，通常笔压越"软"，绘制线条时对数位板所需施加的力越小，在同样的力度下绘制出的线条越粗❷；笔压越"硬"，绘制线条时对数位板所需施加的力量越大，在同样的力度下绘制出的线条越细❸，如下右图所示。

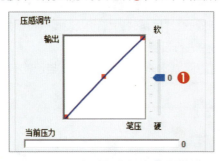

"鼠标模式"主要用于调整光标的应用范畴和灵敏程度，如下左图所示。选择"绝对坐标"单选按钮❶，可以将光标的活动范围与数位板的操作区域精准对应，压感笔在数位板上如何移动，光标也会按比例随之移动。选择"相对坐标"单选按钮❷，则让压感笔和数位板的关系更类似鼠标和鼠标垫，光标的活动范围不对应数位板的操作区域，只是在相对范围内进行移动。

"绝对坐标"无法调整光标的灵敏度，而"相对坐标"可以对其进行调整，如下右图所示。鼠标模式设置得越"慢"，光标的移动就更迟钝；鼠标模式设置得越"快"，光标的移动就更灵敏。

1.5.3 屏幕映射

"屏幕映射"可以用于选择工作的屏幕❶、选取屏幕的应用区域❷、选择数位板的应用区域❸和设置数位板的使用方向❹，如下左图所示。

选择工作所用的屏幕，只适用于拥有多个显示设备的时候，通常默认为当前数位板所连接的显示设备。

"选取屏幕区域"主要用于选取光标具体应用的屏幕范围，默认为显示设备的全部范围。单击"选取屏幕区域"按钮，将自动退出设置对话框回到全屏界面，根据提示内容将"┏"和"┛"的光标移动到合适位置，如下右图所示，即可完成对屏幕区域的特别选取。

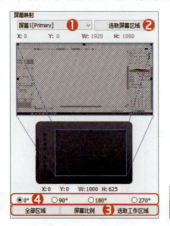

　　"方向"主要用于设置数位板的操作方向，用户可根据自己的习惯设置数位板的使用角度，如下左图所示。

　　"选取工作区域"共提供了三种设置选项，"全部区域"即默认将数位板的默认工作区和屏幕区域相对应；"选取工作区"通过使用压感笔在数位板上点触设置"左上"和"右下"的位置来设置工作区域；"屏幕比例"则会按照屏幕区域的比例设置工作区的比例，如下右图所示。

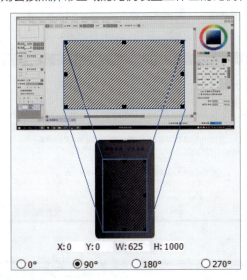 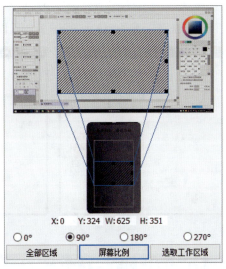

1.5.4 快捷设定

　　"快捷设定"又名为"硬快捷设置"，主要用于设置数位板上的按键所对应的操作命令。单击设置对话框中的"快捷设定"按钮，即可打开"硬快捷设置"对话框，如下左图所示。

　　单击"K1"选项卡❶，从折叠列表中选择"热键"选项❷，在所弹出的"热键"对话框中勾选"Ctrl"复选框❸，按下"S"键❹，单击"确认"按钮❺，即可完成对"热键"的设置，如下图所示。

　　对"按键"设置完成后，单击"硬快捷设置"中的"确认"按钮❻即可。

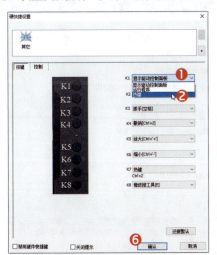 

> **提示："热键"的不同设置**
>
> 对于快捷键的不同设置，用户可以根据自身需求选择不同的复选框和按键组合，或选择对话框中给定的各种选项。设置完成后，只需按下数位板上的相应按键，或触摸相应按钮，即可执行所设置的命令。

知识延伸：恢复文件

如在关闭软件或视图时未对文件进行保存，可以在菜单栏中执行"文件>恢复文件"命令，在弹出的"恢复文件"对话框中选择之前未保存的文件，并单击"恢复"按钮对其进行恢复设置，如下左图所示。

有关"恢复文件"的其他设置，还可以在菜单栏中执行"帮助>设置"命令，打开"设置"对话框，单击"历史记录和恢复"选项卡❶，在所展开的区域中勾选设置❷，并单击OK按钮❸，如下右图所示。

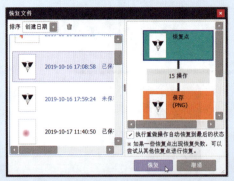 

 ## 上机实训：对SAI进行拓展设置

在使用SAI的时候，往往需要更改软件的原始设定，使软件更符合自己的使用需求。接下来将详细讲解对SAI进行拓展设置的方法。

步骤 01 在菜单栏中执行"帮助❶>设置❷"命令，如下左图所示。

步骤 02 在打开的"设置"对话框中单击"键盘操作"选项卡❸，在展开的区域中勾选"启用部分功能的快捷键变换操作"复选框❹，如下右图所示。

步骤 03 在"设置"对话框中单击"环境"选项卡❶，在展开的区域内单击"优先级"中的"高"选项❷，并设置"新的存储位置"为"D:\"❸，如下图所示。

步骤 04 在"设置"对话框中单击"首选项"选项卡❶，在所展开的区域中勾选"文件查看器"下的"总是在'打开'里打开最后选择的文件夹"❷和"总是在'导出'里打开最后选择的文件夹"❸选项，勾选"图层"下的"用通用的图层混合模式名称替代SAI的个性化名称"❹和"增加相当于启用了透明形状图层的'八个特别的图层混合模式'"❺选项，勾选"视图"下的"重置视图的显示位置时按窗口大小缩放"选项❻，并单击OK按钮❼，完成SAI软件应用的拓展设置，如下图所示。

课后练习

1. 选择题（部分多选）

（1）以下哪些不属于SAI的操作面板_____。

    A. 导航器面板　　　　　　　　　　　　B. 通道面板

    C. 滤镜面板　　　　　　　　　　　　　D. 工具面板

（2）SAI的快捷栏包括_____。

    A. 手抖修整　　　　　　　　　　　　　B. 橡皮擦

    C. 视图角度　　　　　　　　　　　　　D. 选区工具

（3）对图像执行裁剪可以使用_____。

    A. 编辑图像大小　　　　　　　　　　　B. 编辑画布大小

    C. 选框工具　　　　　　　　　　　　　D. 选区工具

2. 填空题

（1）_____主要用于实时显示"内存使用量"和"磁盘容量"。

（2）"色"面板包括_____六种选项。

（3）"RGB滑块"可以用于调整_____、_____、_____三种颜色。

3. 上机题

    根据自己的使用习惯设置数字0-9的快捷键，效果如下图所示。

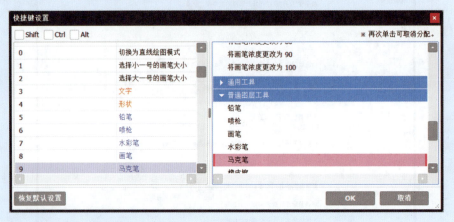

操作提示

（1）选择某一快捷键，再选择右侧对应的选项，即可取消该快捷键对应的命令；

（2）如进行了多步错误操作，单击"恢复默认设置"按钮，即可将所有快捷键恢复为默认设置。

Chapter 02 SAI的基础操作

本章概述

在学习如何绘制一幅图像之前，首先要了解SAI的基础操作方式，如怎样新建文件、导出文件、编辑选区等。本章将对SAI的基础操作进行详细介绍，通过对本章的学习，读者将掌握SAI的基本使用方法。

核心知识点

❶ 掌握文件的基础操作
❷ 掌握选区的编辑方法
❸ 了解SAI的辅助工具
❹ 掌握滤镜的基础操作

2.1 文件的基础操作

在使用SAI绘制图像之前，首先需要进行相应的文件操作，如新建文件、打开文件或从剪切板创建画布等。在对图像完成绘制后，则需要对文件执行保存操作，如保存文件或导出文件。

在菜单栏中选择"文件"菜单，在打开的菜单列表中选择所需的命令，即可执行相应的文件操作，如右图所示。

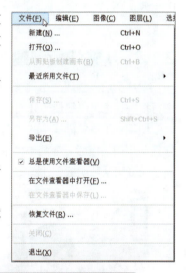

2.1.1 新建文件

在菜单栏中执行"文件❶>新建❷"命令，或按下Ctrl+N组合键进行文件的新建，如下左图所示。

在弹出的"新建画布"对话框中对"文件名""预设尺寸""宽度""高度""打印分辨率"和"背景"等进行设置❶，并单击OK按钮❷，如下右图所示。

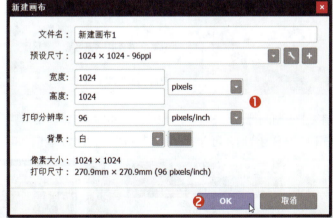

2.1.2 打开文件

在菜单栏中执行"文件❶>打开❷"命令，或按下Ctrl+O组合键，如下左图所示。

在弹出的"打开画布"对话框中选择所需打开的文件❶，单击OK按钮❷，执行文件打开操作，如下右图所示。

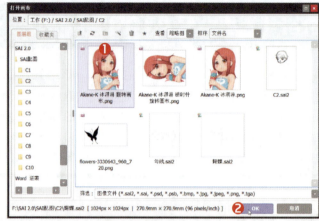

> **提示：打开最近所用文件**
>
> 在菜单栏中执行"文件>最近所用文件"命令，即可在展开的子菜单中找到最近曾经使用过的文件，进行快速打开。

2.1.3 从剪切板创建画布

要从剪切板创建画布，首先需要将图像复制到剪切板中，这种复制可以是在网页或文档中对图片直接进行复制，也可以是使用截图工具进行图像剪切，但不能对文件直接进行复制。

使用"工具"面板中的"选框工具"选中需要复制的图像，如下左图所示。按下Ctrl+C组合键，将图像复制到剪切板后，在菜单栏中执行"文件>从剪切板创建画布"命令，或按下Ctrl+B组合键，如下中图所示。即可从剪切板创建画布，如下右图所示。

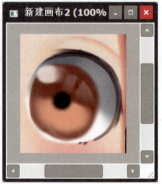

在网页上复制图片，如下左图所示，回到SAI界面，在菜单栏中执行"文件>从剪切板创建画布"命令，或按下Ctrl+B组合键，可以快速将复制的图像创建为画布，如下右图所示。

2.1.4　保存文件

　　对图像进行修改后，需要及时对文件进行保存。在菜单栏中执行"文件❶>保存❷"命令，或直接按下Ctrl+S组合键，可以快速保存文件，如下左图所示。

　　当图像文件未曾保存为工程文件时，执行该命令将会弹出"保存画布"对话框，在该对话框中可以选择文件保存的路径❶，并可以对文件的名称和格式进行相应设置❷，然后单击OK按钮，即可对文件进行保存❸，如下右图所示。

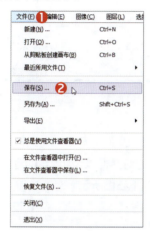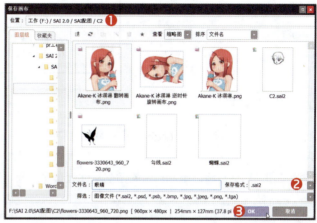

　　当图像文件需要进行另存的时候，在菜单栏中执行"文件>另存为"命令，或使用Shift+Ctrl+S组合键即可打开"另存画布"对话框，选择文件保存的路径❶，并对名称和格式进行相应设置❷，单击OK按钮，即可完成另存❸，如下图所示。

2.1.5　导出文件

　　"导出"文件实质上也是一种对文件的另存，区别在于"另存为"和"保存"命令需要在所对应打开的对话框中选择保存的格式，而"导出"选项可以预先选择所需保存的格式。

　　在菜单栏中执行"文件❶>导出❷"命令，在子菜单中选择所需保存的格式❸，如下左图所示。

　　在弹出的"导出"对话框中选择文件保存的路径❹，并对名称进行设置❺，单击OK按钮❻即可保存，如下右图所示。

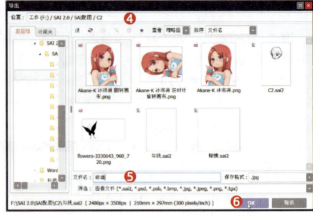

2.1.6 文件查看器

"文件查看器"功能可以让文件在SAI内置的查看器中被查看，在"文件"菜单中勾选该单选按钮，如下左图所示，即可让"打开""保存""另存为"和"导出"所弹出的对话框以SAI内置的查看器样式呈现。如不勾选此按钮，对话框将以电脑自带的适配文件查看器呈现，如下右图所示。

取消勾选此按钮，如需使用SAI内置的文件查看器，可在菜单栏中执行"文件>在文件查看器中打开"或"文件>在文件查看器中保存"选项。

> **提示：SAI的文件保存格式**
>
> SAI的默认文件保存格式是.sai，SAI2的默认文件保存格式是.sai2，SAI2可以打开以.sai格式保存的图像文件，但旧版本的SAI不能打开.sai2格式保存的图像文件。

实战练习 创建并导出文件

学习了以上知识，读者应当对文件的基础操作有所了解，以下将以创建并导出图像文件为例，帮助读者熟悉文件从创建到导出的具体过程。

步骤 01 在菜单栏中执行"文件❶>新建❷"命令，或者使用Ctrl+N快捷键，新建一个图像文件，如下左图所示。

步骤 02 在所弹出的"新建画布"对话框中设置"文件名"为例图1，"宽度"为15cm，"高度"为10cm，"打印分辨率"为300，"背景"为"白"❸，单击OK按钮进行创建❹，如下右图所示。

步骤 03 在菜单栏中执行"文件❶>导出❷>.png（PNG）❸"命令，如下左图所示。

步骤 04 在弹出的"导出"对话框中选择保存路径❹，并单击"保存"按钮❺，文件即保存完成，如下右图所示。

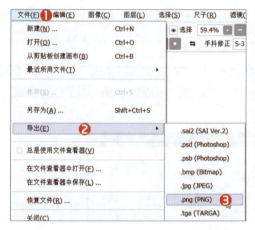

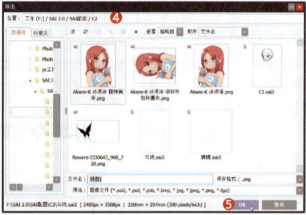

2.2 画布与视图

"画布"即显示和绘制图像的基本区域，"视图"为显示和绘制图像窗口，"视图"中包含"画布"，而且创建"画布"的同时也会创建"视图"。

一个"画布"可以同时拥有多个"视图"，每个"视图"都可以对图像设置不同的显示角度和缩放倍率。对同一"画布"拥有的多个"视图"中的图像进行修改，修改会同步到所有"视图"中，并按照其设置对效果进行不同体现。

在菜单栏的"图像"菜单中，可以对"图像大小""画布大小"进行设置，也可以对画布进行各种操作，如右图所示。

在菜单栏的"视图"菜单中，可对视图进行各种操作，如下图所示。

通过"快捷栏"和"导航器"面板上的相关按钮和一些快捷键，也可以对视图进行快速操作，本节将对画布与视图的操作进行详细介绍。

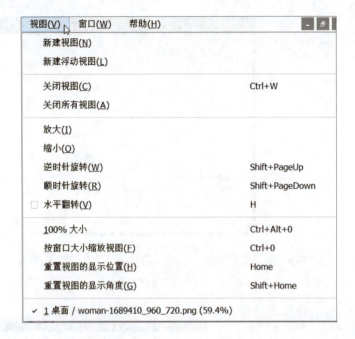

2.2.1 图像大小

　　"图像大小"与图像的质量、打印特性和存储空间的占用比密切相关，在菜单栏中执行"图像❶>图像大小❷"命令，如下左图所示，即可在所弹出的"图像大小"对话框内修改相关参数❸，单击OK按钮❹进行确认，如下右图所示。

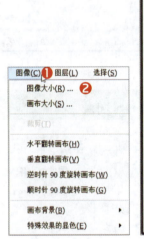

2.2.2 画布大小

　　"画布大小"影响着显示和绘制图像的基本区域，即用户的实际工作区。在菜单栏中执行"图像❶>画布大小❷"命令，如下左图所示，即可通过所弹出的"画布大小"对话框修改相关参数，如下中图所示。

　　使用触控笔轻触（或单击鼠标左键）"扩展"选项卡，可以以当前画布为基准，设置向外的扩展量，如下右图所示。

　　修改"画布大小"参数之后，单击OK按钮即可确定修改。

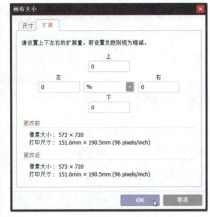

对"画布大小"进行更改，影响的是图像所作用的范围的大小，而非图像的整体大小。"画布大小"只能更改图像的尺寸，而不能对"分辨率"等参数进行更多设置。

2.2.3 裁剪

在SAI中，想要对图像进行裁剪有三种方式。在菜单栏中执行"图像>画布大小"命令，在所弹出的"画布大小"的"尺寸"选项卡中对裁剪的方向进行定位❶，并设置相关参数❷，单击OK按钮❸即可，如下左图所示。箭头所指向的方向即为裁剪后保留的区域。

同样在"画布大小"对话框中，选择"扩展"选项卡，亦可设置相关参数❶，单击OK按钮❷对图像进行裁剪，和"尺寸"裁剪有所不同的是，"扩展"裁剪能够对上下左右的裁切位置进行精确设置。

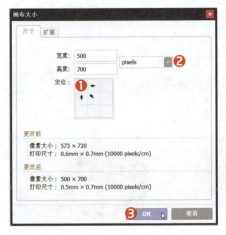
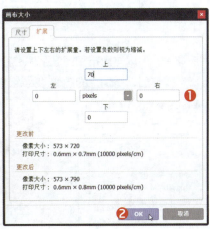

在"工具"面板的"通用工具"栏中选择"选框工具"❶，如下左图所示。在图像上框选所需裁剪的范围❷，在菜单栏中执行"图像❸>裁剪❹"命令，即可对图像完成精确裁剪，如下右图所示。

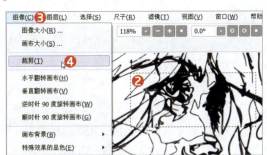

2.2.4　翻转画布

在菜单栏的"图像"菜单中❶，可以选择"水平翻转画布"❷或"垂直翻转画布"，如下左图所示。

"水平翻转画布"意为在左右方向上对画布和画布上的图像进行翻转，"垂直翻转画布"意为在垂直方向上对画布和画布上的图像进行翻转。

对画布进行翻转操作后，所保存的图像即为翻转后的图像效果❸，如下右图所示。

 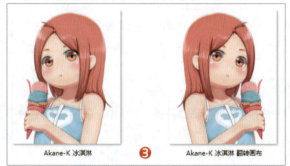

2.2.5　旋转画布

在菜单栏的"图像"菜单中❶，可以选择"逆时针90度旋转画布"❷或"顺时针90度旋转画布"，如下左图所示。

通过执行相应命令，可以对画布和图像整体进行顺时针或逆时针90度的旋转。

对画布进行旋转操作后，所保存的图像即为旋转后的图像效果❸，如下右图所示。

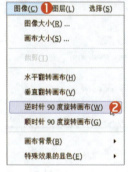 

2.2.6　画布背景

"画布背景"即为图像未曾填充色彩时的原始背景，可以在新建图像时进行设置，也可以通过在菜单栏中执行"图像❶>画布背景❷"进行设置，如下左图所示。根据不同的绘画需要，可以选择不同的预设画布背景，也可以指定自己想要的背景色。

需要注意的是，"白""黑""指定色"三个选项所设定的画布背景，保存图像后会随之显示在整体的图像效果中，而"透明"系列的画布背景，包括"指定背景色"，保存图像后并不会对图像造成影响。

对图像设置"透明（指定色）"❸的效果❹，如下右图所示。

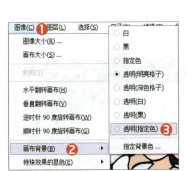

2.2.7　特殊效果的显色

　　"特殊效果的显色"是指对画笔或图层设置了特殊效果后，所设置的特殊效果的具体呈现风格。

　　在"图层"面板中选择所需显示的特殊效果，如下左图所示。在菜单栏中执行"图像❶>特殊效果的显色❷"命令，即可在子菜单中选择"效果"的具体显示风格❸，如下右图所示。

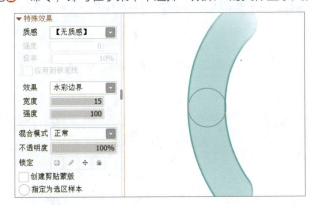
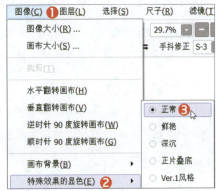

2.2.8　新建与关闭视图

　　在菜单栏中单击"视图"选项卡，即可为当前的画布新建一个视图，或对当前视图进行关闭，如下左图所示。当所有同源的视图全部被关闭的时候，如当前图像修改后未进行保存，将会弹出"确认保存画布"的窗口对用户进行提示，单击"是"即可对当前图像进行保存，如下右图所示。

2.2.9　浮动视图

　　"视图"一般默认嵌入在软件窗口中，位于"视图选择栏"的上方和"快捷栏"的下方，被"视图滚动条"所包围。"浮动视图"则悬浮在软件窗口之外，可以任意拖曳到电脑显示设备的任何区域。

在菜单栏中执行"视图❶>新建浮动视图❷"命令，可以为当前图像新建一个浮动视图，如下左图所示，或单击软件窗口菜单栏最右侧的放大化/缩小化窗口图标，将当前视图缩小，即可将当前视图变更为浮动视图，如下右图所示。

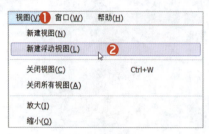

2.2.10 视图的缩放与旋转

视图的缩放与旋转一般包括五个选项，分别为"放大""缩小""逆时针旋转""顺时针旋转"和"水平翻转"。对视图进行缩放和旋转，更便于绘画操作，可以使用四种方法。

1. 单击"快捷栏"中的图标

在"快捷栏"中单击相应图标，即可对视图进行放大、缩小或旋转等操作，如下图所示。

2. 执行菜单栏命令

在菜单栏中选择"视图"菜单，即可从中选择所需执行的指令，如下左图所示。

3. 使用相应快捷键

使用Shift+PageUp快捷键可以对视图进行逆时针旋转，使用Shift+PageDown快捷键可以对视图进行顺时针旋转，按PageUp键可以放大当前视图，按PageDown键可以缩小当前视图。

4. 单击"导航器"面板中的图标

在"导航器"面板中单击"缩放倍率"或"显示角度"右侧的图标，或拖动△滑块，同样可以对视图进行操作，如下右图所示。需要注意的是，在"导航器"面板中无法对视图进行水平翻转的操作。

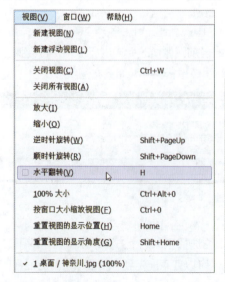
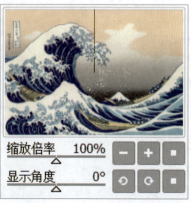

2.3 编辑与选择

　　"编辑"和"选择"菜单中的命令可以帮助用户更好地处理所绘制的图像。"编辑"菜单中的命令主要针对于图像，而"选择"菜单中的命令主要针对于具体的选区。

　　"编辑"菜单包括"还原""重做""剪切""拷贝""粘贴""拷贝选区"和"全选"7个命令，在菜单栏中单击"编辑"菜单标签，打开菜单列表，即可执行所需的命令。

　　"选择"菜单包括"取消选择""反选""显示选区边缘""扩展选区""收缩选区""扩展选区1像素""收缩选区1像素""选择选区内的锚点""选择与选区重叠的笔画""取消选择所有锚点"和"全选"11个命令，在菜单栏中单击"选择"菜单标签，打开菜单列表，即可执行所需的命令，如右图所示。

2.3.1 还原与重做

　　在使用SAI进行绘画的过程中，如果对绘画的效果不满意或操作出现了失误，可以选择还原之前的操作。在菜单栏中执行"编辑>还原"命令或按下Ctrl+Z组合键，即可还原上一步操作。也可按住Ctrl+Z组合键不放，SAI会自动还原之前记录的多步操作，直到将所记录的操作全部还原完毕或放开组合键为止。

　　在菜单栏中执行"编辑>"重做命令或按下Ctrl+Y组合键，即可在对图像进行还原后，重做被还原的下一步操作。或按住Ctrl+Y组合键不放，SAI会自动重做之前记录的多步操作，直到将所记录的操作全部重做完毕或放开组合键为止。

　　对操作进行还原或重做后，重新对画布内的图像进行编辑，SAI将抛弃对原本的还原/重做下一步骤的记录，将重新开始进行的图像编辑记录为下一步骤。对图像执行还原或重做的命令，还可以通过在快捷栏中单击"还原一步操作"或"重做一步操作"执行，如下图所示。

2.3.2 图像的剪切、拷贝与粘贴

　　在使用SAI进行绘画的过程中，有时我们需要对图像进行剪切、拷贝与粘贴的操作。使用任一选区工具，在图像上创建一个选区，单击"编辑"菜单标签，在打开的菜单列表中可以看到被激活的"剪切""拷贝"和"拷贝选区"命令。

　　在菜单栏中执行"编辑❶>剪切❷"命令，如右上图所示。或按下Ctrl+X组合键，选区内的图像将会在画布上隐藏，并被剪切到剪切板中，选区也将消失不见，如右下图所示。

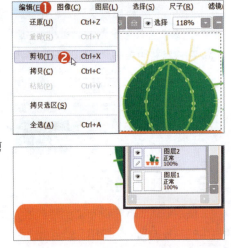

在菜单栏中执行"编辑>拷贝"或"编辑>拷贝选区"命令（快捷键Ctrl+C），选区内的图像将会直接被复制到剪切板中，而不会对图像本身和选区造成任何影响。

当剪切板中存在被复制的图像时，"编辑"菜单中的"粘贴"命令将被激活，执行"编辑❶>粘贴❷"命令（快捷键Ctrl+V），当前被复制的图像将会被粘贴为新的图层❸，如下图所示。

2.3.3　图像的全选

有时，我们需要对图层上的全部内容进行操作，或将图层上的全部内容复制到剪切板中，用以在新的画布或其它软件中进行更多操作。在菜单栏中执行"编辑>全选"或"选择>全选"命令，或按下Ctrl+A组合键，即可方便、快捷地对画布进行全选操作，如下图所示。

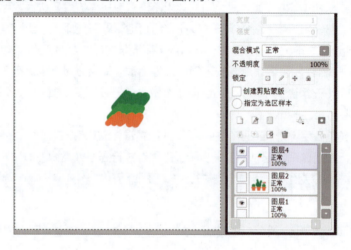

2.3.4　取消选择

当选区的创建出现失误，或不再需要选区的时候，单击画布或主视窗中的空白位置，即可取消当前选区。在菜单栏中执行"选择>取消选择"命令，或按住Ctrl+D组合键，也可以取消所创建的选区。

在快捷栏中单击"取消选区"按钮，同样可以取消所创建的选区，如下图所示。

2.3.5　选区的反选

使用选区工具在画布上创建选区，如下左图所示。在菜单栏中执行"选择>反选"命令，或单击快捷栏中的"反向选区"按钮，即可将选区反转，如下右图所示。

2.3.6 显示选区边缘

选区边缘即为用户展示选区范围的蚂蚁线。使用选区工具在画布上创建选区❶，如下左图所示。在菜单栏中单击"选择"菜单标签❷，打开菜单列表，取消勾选的"显示选区边缘"复选框❸，或按下Ctrl+H组合键，即可隐藏选区的蚂蚁线，如下右图所示。

 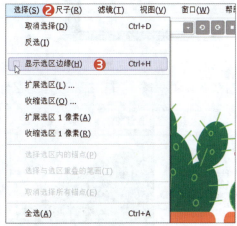

在快捷栏中单击"切换隐藏/显示选区的蚂蚁线"按钮👁，也可以对蚂蚁线进行显示或隐藏。隐藏蚂蚁线，不会对已经创建的选区造成影响，用户仍可以对选区执行各种操作，如扩大选区、复制选区等。

2.3.7 扩展选区与收缩选区

在使用选区工具在画布上创建选区之后，有时用户需要对选区的范围进行一定的修改，如扩大选区或收缩选区。使用选区工具选中仙人掌的主体，如下左图所示。在选区内长按压感笔笔尖（或鼠标左键）对选区内的图像进行移动，可以看到选区边缘还残留着未被选中的内容，如下右图所示。

在菜单栏中执行"选择❶>扩展选区1像素❷"命令，如下左图所示。在选区内长按压感笔笔尖（或鼠标左键）再次移动选区内的图像，可以看到仙人掌主体上未被选中的部分已经扩展到了选区之中，如下右图所示。

当选区的范围超过了所需选取图像的范畴时，用户需要对选区执行收缩选区的命令。在菜单栏中执行"选择❶>收缩选区1像素❷"命令，如下左图所示。选区将会向内进行收缩，如下右图所示。

当用户需要更大范围地扩展选区时，可以在菜单栏中执行"选择>扩展选区"命令，在弹出的"扩展选区"对话框中，通过调节滑块来选择选区向外扩展的范围❶，单击OK按钮❷即可执行，如下左图所示。

当用户需要更大范围地收缩选区时，可以在菜单栏中执行"选择>收缩选区"命令，在弹出的"收缩选区"对话框中，通过调节滑块来选择选区向外扩展的范围❶，单击OK按钮即可执行❷，如下右图所示。

在对选区执行收缩选区的命令时，如果选区恰好位于画布的边界线上，如下左图所示，勾选"应用到画布边界线"复选框，即可让选区向内收缩的范围从画布的边界线开始计算，如下右图所示。

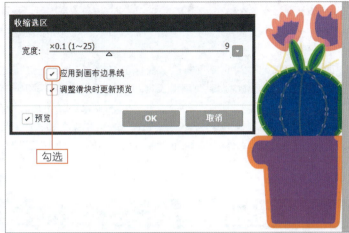

2.3.8 选区的矢量应用

对于钢笔图层和形状图层，同样可以执行选区的操作。

在"图层"面板中选中钢笔图层，可以看到画布上图像所在的范围内出现了绿色的锚点。使用选区工具在画布上创建选区，如下左图所示。在菜单栏内执行"选择>选择选区内的锚点"命令，即可选中和选区重叠部分的锚点，被选中的锚点将被放大突出显示，如下右图所示。

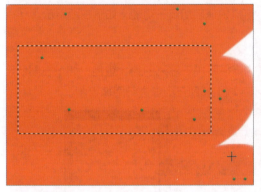
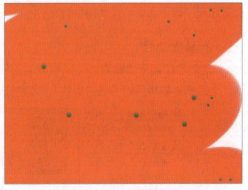

在菜单栏内执行"选择❶>选择与选区重叠的笔画❷"命令，如下左图所示。即可选中和选区重叠部分的笔画，如下右图所示。

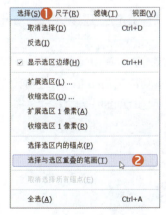

在菜单栏内执行"选择>取消选择所有锚点"命令，即可取消对锚点的选择。

> **提示：SAI的常用选区工具**
>
> 除了在菜单栏中执行"编辑>全选"或"选择>全选"命令之外，SAI还为用户提供了一些常用的选区工具，方便用户更精准地根据所需创建选区。
>
> - 在"工具"面板的通用工具区域中选择"选框"工具，可以在画布上创建矩形的选区。
> - 在"工具"面板的通用工具区域中选择"套索"工具，可以在画布上绘制不规则的选区。
> - 在"工具"面板的通用工具区域中选择"魔棒"工具，可以根据图层上所包含的图像建立选区。
> - 在"工具"面板的普通图层工具区域中选择"选区笔"工具，可以像使用画笔一样自由地在画布上绘制选区。
> - 在"工具"面板的普通图层工具区域中选择"选区擦"工具，可以擦除所创建的选区。

2.4　SAI的辅助工具

在使用SAI进行绘画的时候，使用一些辅助工具，可以方便、快捷地达到某些绘图效果。

SAI拥有多种辅助工具，包括"尺子""透视尺""对称尺""直线绘图模式"等，本节将对SAI的辅助工具进行详细介绍。

2.4.1　尺子

"尺子"包含"直线""椭圆""平行线""同心圆"和"集中线"五种常用辅助尺，在菜单栏中执行"尺子❶>显示尺子❷"命令，或使用快捷键Ctrl+R，可以快速启用尺子功能，如下左图所示。

1. 尺子的基础功能

"直线"功能专门用于绘制直线，所绘制的直线的直径取决于笔刷的最大直径，如下右图所示。在选择"直线"之后，光标将只能沿着"直线"（蓝色标示区域）辅助尺上缘进行图像绘制。

"椭圆"功能与"直线"相同，通过在视图中制作正圆辅助尺，使光标可以界定在辅助尺的上缘范围内绘制图像，如下左图所示。

"平行线"功能可以被视作一个不限定区域的"直线"辅助尺，通过在视图中制作一条直线型辅助尺来界定图像绘制的方向，但对范围不做影响。使用"平行线"功能可以在画布上一次绘制多条平行直线，而无需更改辅助尺本身所在的位置。但随着光标的移动，将会有蓝色辅助细线随之移动，提示具体绘制方向，如下右图所示。

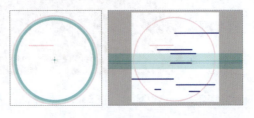

"同心圆"功能可以被视作一个不限定区域的"椭圆"辅助尺，通过在视图中制作一个正圆形辅助尺来界定图像绘制的方向，但对范围不做影响。使用"同心圆"功能可以在画布上一次绘制多个同基准点的圆形，而无需更改同心圆本身所在的位置。但随着光标的移动，将会有蓝色的辅助细线界定一次绘制所进行的具体范围，如下左图所示。

"集中线"功能是一个以同一个基准点向外绘制射线的辅助尺，和"平行线"功能相同，只能沿蓝色细线所控制的方向绘制直线，而所有直线都将相交于一点，如下右图所示。

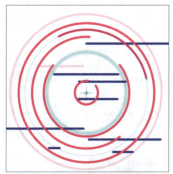 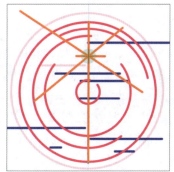

2. 尺子的移动与变形

根据不同的需要，"尺子"工具可以进行各种位置移动和变形。以"同心圆"为例，按住Ctrl键或Shift键，将光标移动到"同心圆"辅助尺的作用范围之内，光标将会变为移动符号⊛，如下左图所示。此时长按触控笔笔尖（或鼠标左键）即可拖曳辅助尺到需要的位置，如下右图所示。

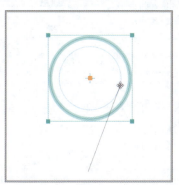 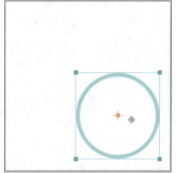

同样以"同心圆"为例，按住Ctrl键或Shift键，将光标移动到辅助线框外，当光标变为↻符号时，即可对辅助尺进行旋转。使用Shift键对辅助尺进行旋转，单次旋转幅度将被控制在固定的45度，如下左图所示。

使用Ctrl键，长按辅助线框四角的控制柄进行拖曳，可以对辅助尺进行斜切变形，如下中图所示。

使用Shift键，长按辅助线框四角的控制柄进行拖曳，可以对辅助尺进行缩放，如下右图所示。

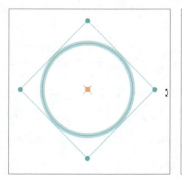 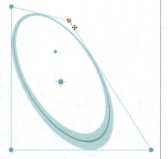 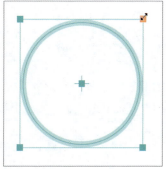

如需重置对尺子的设置，在菜单栏中执行"尺子>重置尺子"命令即可。

提示：禁用尺子

当使用了"尺子""透视尺"和"透视网格"等辅助工具的时候，"快捷栏"右侧将会出现"禁用"按钮，单击此按钮即可禁用当前选择的辅助工具，但辅助尺不会消失。如下图所示。

2.4.2 透视尺

"透视尺"即为对图像执行透视功能的辅助尺，位于"图层"面板的工具栏中，如下左图所示。

单击"显示透视尺的新建菜单"，即可打开折叠菜单。在折叠菜单中可以选择透视尺的建立选项，如下中图所示。

建立透视尺后，"图层"面板中将会出现以透视尺的类型命名的新图层，如下右图所示。单击"透视尺"图层前的方块，即可选择是否显示透视尺图层。

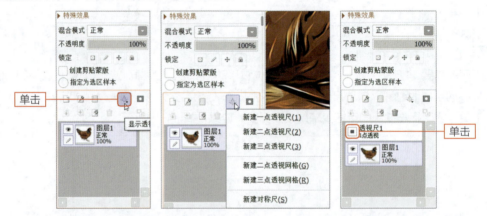

以"新建一点透视尺"为例，建立"透视尺"后，图像上将会出现四种颜色的消失点辅助线，如下图所示。黑线即为透视尺的基准线，所绘制的图像将以基准线为中心。红色的辅助线代表垂直方向，蓝色的辅助线代表水平方向，绿色的辅助线代表透视斜面。

对图像设置"透视尺"后，"快捷栏"中将会出现"禁用"按钮和是否显示某一颜色的消失点辅助线的按钮，如不需要某种辅助线进行辅助绘制，单击图标即可切换效果，如下图所示。

按住Ctrl键，拖曳图像上出现的控制柄，可以切变辅助线的角度，如下左图所示。使用Ctrl键也可以对辅助尺的位置进行整体移动，如下右图所示。

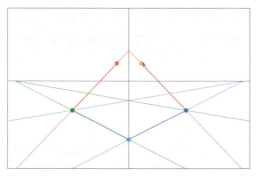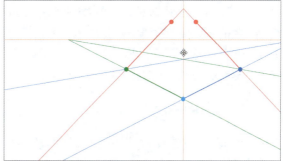

2.4.3 对称尺

"对称尺"是一种特殊的辅助尺，可以以一条对称辅助线为基准，绘制出左右镜像的图像。"对称尺"位于"透视尺"的子菜单中，如下左图所示。执行此操作将会在"图层"面板中新建一个轴对称图层，如下中图所示。

使用"对称尺"，在"图层1"上绘制图形，效果如下右图所示。

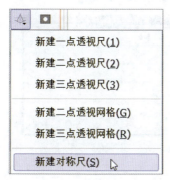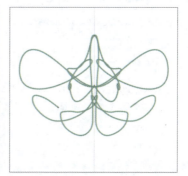

2.4.4 直线绘图模式

"直线绘图模式"选项位于"快捷栏"中，通常是"快捷栏"中的最后一个选项，如下图所示。

选择"直线绘图模式"，将会确保所绘制的一切线条在任意方向上都为以压感做直径变化的直线，"最大直径"和"最小直径"都不超过画笔直径的设置，如下左图所示。将"直线绘图模式"和"对称尺"相结合，绘制效果如下右图所示。

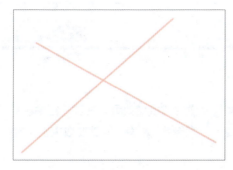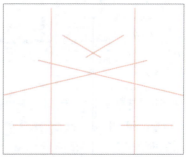

2.4 SAI的滤镜

在SAI中包含着一些内置滤镜，可以对所选中的图像进行快捷调整，包括"色相/饱和度""亮度/对比度"和"高斯模糊"三种滤镜。

在菜单栏中单击"视图"选项卡，即可对滤镜进行选择，如下图所示。本节将对SAI的滤镜应用进行详细介绍。

2.5.1 色相/饱和度

"色相/饱和度"滤镜通常可以用于调整图像的"色相""饱和度"和"明度"，并可以使用"着色"功能为图像重新上色。

"色相"是颜色的属性，在"色相/饱和度"滤镜中，具体表现为均匀渐变的色条，"饱和度"可以用于调整图像的色彩鲜艳程度；"明度"可以用于调整图像色彩的明暗程度。

结合"色相""饱和度""明度"滑块，单击勾选"着色"单选按钮，可以为图像重新铺设均匀的色彩，其色相的基准将从"0"起始，向左右均匀表现为从暖色到冷色和从冷色到暖色的闭环。

在菜单栏中执行"滤镜❶>色调调整❷>色相/饱和度❸"命令，或使用Ctrl+U快捷键，即可打开"色相/饱和度"对话框，调整相应参数❹后，单击OK按钮❺即可，如下图所示。

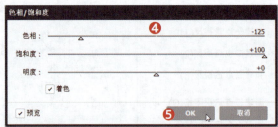

2.5.2 亮度/对比度

"亮度/对比度"滤镜可以用于调整图像的"亮度""对比度"和"颜色浓度"，"亮度"即画面的明亮程度；"对比度"主要影响色彩明暗区域的对比程度；"颜色浓度"则主要影响颜色的浓淡程度。

在菜单栏中执行"滤镜❶>色调调整❷>亮度/对比度❸"命令，即可打开"亮度/对比度"对话框，调整相应参数❹后，单击OK按钮❺即可，如下图所示。

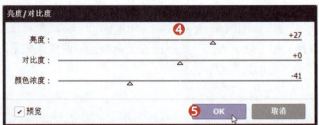

2.5.3 高斯模糊

"高斯模糊"也称"高斯平滑"，可以用于快速为图像生成模糊效果。在菜单栏中执行"滤镜❶>模糊❷>高斯模糊❸"命令，即可打开"高斯模糊"对话框。"半径"越大，模糊的效果也就越强。调整相应参数❹后，单击OK按钮❺即可，如下图所示。

 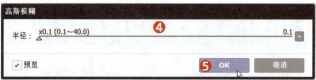

 ## 知识延伸：SAI常用术语的解释

　　在SAI中有些常用的术语，仅凭字面意思很难理解其确切含义。SAI本身会为某些选项和功能提供注解，将光标移动到相应选项上静止不动，即会弹出相应的注释，也有些和其他软件通用的术语，SAI不对其进行解释。以下是一些SAI的常用术语汇总。

常用术语	含　义
画笔散焦	画笔轮廓的松散模糊程度
画笔浓度	对画布施加颜色的浓度
円	圆
强度	叠加在图像或画笔上的效果的呈现程度
倍率	放大的倍数
直排	竖排文字
色差范围	与所选区域颜色相近的部分
混合模式	混合两个或多个图层的颜色效果
阈值	基于图像亮度的黑白分界值
混色	前景色和底色的混合程度（数值越大混色越大）
水分量	绘画时不透明度的增益程度（数值越大不透明度越难增加）
色延伸	混合颜色的延伸效果（数值越大颜色的延伸越大）
保持不透明度	当画笔从已上色区域涂画到未上色区域时，不降低该处的不透明度
最小直径	当笔压为0时画笔达到的直径
绘画品质	选择正片叠底模式和用画笔工具绘画的平滑度
轮廓硬度	画笔轮廓消除锯齿的硬度
最小浓度	笔压为0时的画笔浓度
最大浓度笔压	画笔浓度达到最大时的笔压
笔压	模仿笔触的轻重变化
笔压硬<=>软	笔压的灵敏度
笔压浓度	将笔压应用到画笔浓度
笔压直径	将笔压应用到画笔直径
笔压混色	通过笔压调整混色（笔压低时加强混色，笔压高时减弱混色）
栅格化	将矢量图转化为位图

上机实训：绘制华丽花纹边框

学习了本章内容之后，读者对SAI的辅助工具已经有所了解。下面将以绘制华丽花纹边框为例，为读者详细讲解SAI的辅助工具的应用。

步骤 01 在菜单栏中执行"文件>新建"命令，在打开的"新建画布"对话框中，设置"文件名"为"花纹边框""高度"为1000、"宽度"为1000、"打印分辨率"为96❶，单击OK按钮❷创建文件，如下左图所示。

步骤 02 在"工具"面板中单击"更改前景色"按钮，在弹出的"更改前景色"对话框中，设置前景色为#0A2C69❶，单击OK按钮❷完成设置，如下右图所示。

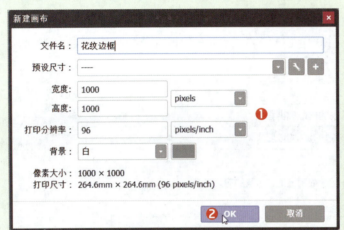
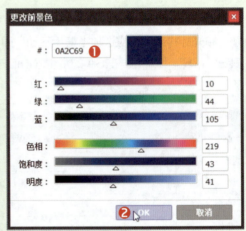

步骤 03 在"工具"面板中选择"油漆桶"工具，在画布上单击填充颜色，如下左图所示。

步骤 04 在"图层"面板中，单击"创建一个新图层"按钮❶，在"图层1"上新建"图层2"❷，单击"显示透视尺的折叠菜单"折叠按钮❸，在折叠菜单中选择 "新建对称尺"选项❹，如下中图所示。

步骤 05 在所创建的对称尺上，单击压感笔下键（或鼠标右键），在快捷菜单中单击"属性"选项，在弹出的"图层属性"对话框中设置"分割数"为20❶，单击OK按钮❷进行确定，如下右图所示。

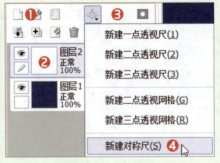

步骤 06 设置对称尺完成后，效果如下左图所示。

步骤 07 在"图层"面板中选中"图层2"图层，在菜单栏中执行"尺子>同心圆"命令，在画布上创建辅助尺，如下中图所示。

步骤 08 在"工具"面板中设置前景色为#F0A128❶，选择"铅笔"工具❷，设置散焦为5、"画笔大小"为1、"最小大小"为0%、"画笔浓度"为100、"最小浓度"为100%❸，如下右图所示。

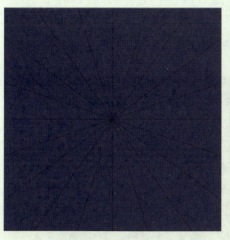

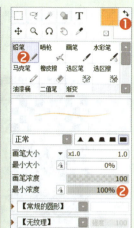

步骤09 分别以轻❶和重❷的力道，绘制两个嵌套在一起的圆形，其局部效果如下左图所示。

步骤10 按下Ctrl+R快捷键取消对尺子的显示，在"工具"面板中设置"铅笔"工具的"画笔大小"为5、"最小大小"为100%，在圆的内部绘制波浪形，如下右图所示。

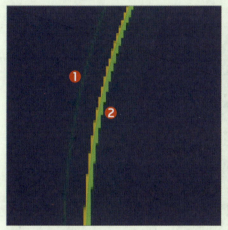
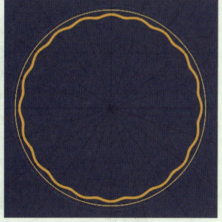

步骤11 在"导航器"面板中拖曳"缩放倍率"滑块，将视图的显示倍率调整到350%，在"工具"面板中设置"铅笔"工具的"画笔大小"为10、"最小大小"为0%，沿着画布上的其中一根对称轴随意绘制对称的图案，如下左图所示。

步骤12 继续为图案增加细节，如下右图所示。

步骤13 继续丰富图像细节，如下左图所示。

步骤14 在"工具"面板中设置"铅笔"工具的"画笔大小"为1，在图案之间随意绘制，增加一些连接的线条，如下右图所示。

步骤15 在"图层"面板中单击"对称尺"左侧的方块，取消对对称尺的显示，如下左图所示。

步骤16 华丽花纹边框绘制完成，最终效果如下右图所示。

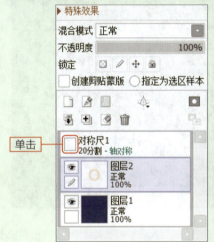

课后练习

1. 选择题（部分多选）

（1）以下哪些操作不可以从剪切板创建画布_____。

    A. 在网页上复制图片   B. 在文件夹中右键复制图片

    C. 使用选区工具选择并复制图像   D. 使用截图工具截取图像

（2）对于选区不可以执行_____的命令。

    A. 图像>反选   B. 选择>取消选择

    C. 选择>扩展选区   D. 图像>收缩选区

（3）SAI的滤镜包括_____。

    A. 色相/饱和度   B. 亮度/对比度

    C. 扭曲   D. 马赛克

2. 填空题

（1）使用_____组合键可以还原一步操作。

（2）一个画布可以拥有_____个视图。

（3）"对称尺"可以辅助绘制_____图形。

3. 上机题

    使用"对称尺"绘制图案，效果如下图所示。

操作提示

（1）根据自己的喜好和审美搭配色彩。

（2）绘制柔滑的线条和规律的图形。

（3）使用油漆桶工具为图案填充颜色。

Chapter 03　SAI的通用工具

本章概述

在使用SAI进行绘画的时候，通用工具的应用必不可少，用户可以通过魔棒工具、文字工具、吸管工具等方便地绘制图像或丰富图像的内容，提高绘画的效率。本章将对SAI的通用工具进行详细的介绍。

核心知识点

❶ 熟悉选区工具的应用
❷ 熟悉矢量工具的应用
❸ 掌握视图工具的应用
❹ 掌握颜色工具的应用

3.1　选区工具

在菜单栏中执行"窗口❶>显示操作面板❷>显示工具操作面板❸"命令，即可显示"工具"面板，如下左图所示。

"工具"面板大致分为"通用工具""普通图层工具""画笔预览""画笔工具"和"参数设置"五个区域，"通用工具"区域位于"工具"面板的最上方，包括10种常用辅助工具和4种颜色操作工具，如下右图所示。

其中辅助工具包括选框工具、套索工具、魔棒工具、形状工具、文字工具、移动工具、缩放工具、旋转工具、抓手工具和吸管工具，颜色操作工具包括更改前景色、更改背景色、前景色和背景色互换和切换前景色和透明色，本节将对SAI的选区工具进行详细的介绍。

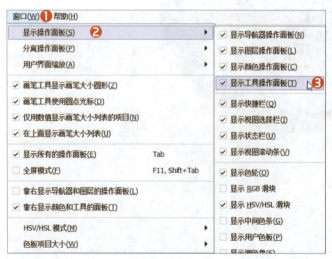

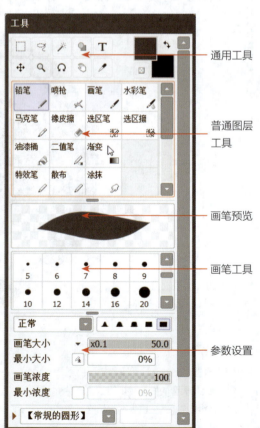

3.1.1　选框工具

选框工具是一种选区工具，可以用来建立选区，方便用户对选区内的图像进行操作。

在"工具"面板的"通用工具"区域中选择选框工具▢❶，长按压感笔笔尖（或鼠标左键）在画布上进行拖曳❷，即可绘制选框，如下左图所示。

创建选区后，将光标移动到选区的蚂蚁线上，光标将会变为移动选区的图标⊞❸。此时长按压感笔笔尖（或鼠标左键）在画布上进行拖曳，即可移动所绘选框的位置，而对选区内的图像没有影响，如下右图所示。

将光标保持在画布上，按住Shift键，可以看到光标变成了增加选区的图标⊞❶，长按压感笔笔尖（或鼠标左键）在画布上进行拖曳❷，如下左图所示。即可在原有选区的基础上绘制新的选区，同时将新选区与旧选区重叠的部分合并为一个选区❸，如下右图所示。

将光标保持在画布上，按住Ctrl键，可以看到光标变成了剪切选区的图标❶。在按住Ctrl键的同时长按压感笔笔尖（或鼠标左键）在画布上拖曳选区，即可将选区内的图像剪切为浮动的图像❷，并在"图层"面板中被剪切的图层右侧显示浮动图层❸，如下右图所示。

将选区内的图像剪切为浮动图像后，无需使用快捷键，长按压感笔笔尖（或鼠标左键）在画布上进行拖曳，即可移动被剪切的图像，如下左图所示。

单击快捷栏上的"取消选区"按钮，如下中图所示。或在菜单栏中执行"选择>取消选择"命令，即可将对图像进行修改后的效果应用到原本的图层上，如下右图所示。

在"工具"面板下方的参数设置区域勾选"Ctrl+左键单击选择图层"复选框❶，如下左图所示。按住Ctrl键，将光标移动到画布上，即可显示光标所在位置图像对应的图层❷，如下右图所示。

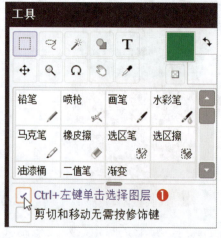

按住Ctrl键，将光标移动到所需选择的图层对应的图像上❶，如下左图所示。单击压感笔笔尖（或鼠标左键）即可选择相应的图层❷，如下右图所示。

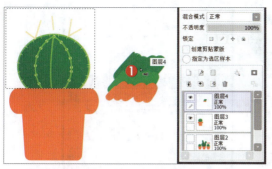

在"工具"面板下方的参数设置区域，勾选"剪切和移动无需按修饰键"复选框，如下左图所示。长按压感笔笔尖（或鼠标左键）对选区进行拖曳，即可剪切和移动选区内的图像，如下右图所示。

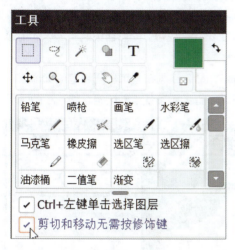

对于选框工具所制造的选区，还可以进行"拖动生效距离"的设置。"拖动生效距离"指对选区进行拖动操作后，操作被确认生效的距离。设置"移动"的距离为 ±50px❶，长按压感笔笔尖（或鼠标左键）对所选图像进行拖曳操作❷，可看到在光标移动范围未超过50像素时，图像将不作移动，如下左图所示。

在"工具"面板下方的参数设置区域选择"自由变换"单选按钮❶，选区四周将会出现操控变形的控件，此时还可以切换"自由变换""缩放""扭曲"和"旋转"的选项❷。图像变换完成后，单击"确定"按钮即可确定对图像的修改❸，单击"中止"按钮即可放弃对图像的修改，如下右图所示。

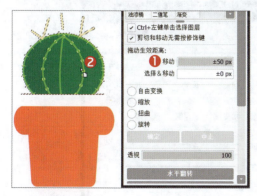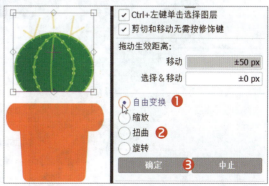

在画布上制作选区之后，还可以对选区内所包含的图像进行翻转或旋转90度的操作，如下左图所示。在"工具"面板下方的参数设置区域，单击"垂直翻转"按钮❶，即可将选区内的图像进行垂直方向的翻转❷，如下右图所示。

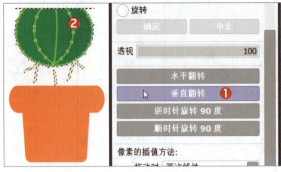

3.1.2 套索工具

套索工具也是选区工具的一种。在"工具"面板中选择套索工具🖫❶，在打开的参数设置区域中选择"手绘"单选按钮❷，长按压感笔笔尖（或鼠标左键）在画布上进行拖曳❸，即可自由绘制选区的边缘，用以创建选区，如下左图所示。

在"图层"面板中的参数设置区域选择"多边形"单选按钮❶，在画布上单击压感笔笔尖（或鼠标左键），即可用直线形式绘制选区的边缘❷，绘制完成后，按Enter键即可确认绘制结果，如下右图所示。

在"图层"面板中的参数设置区域，选择"多边形+手绘"单选按钮❶，可以使用多边形和手绘相结合的方式绘制选区❷，单击压感笔笔尖（或鼠标左键）切换至多边形的形式，长按压感笔笔尖（或鼠标左键）切换至手绘的形式。对选区绘制完成后，按Enter键即可确认绘制结果，如下图所示。

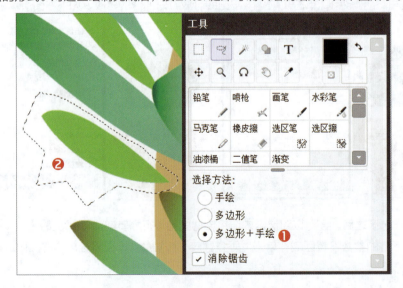

使用套索工具在画布上建立选区时，如不勾选"消除锯齿"复选框，除了水平或垂直的线条外，最终建立的选区的边缘将会出现纤维锋利的锯齿，如下左图所示。勾选"消除锯齿"复选框后，最终建立的选区边缘将呈现为平滑的线条，如下右图所示。

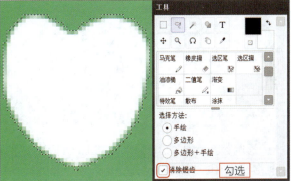

3.1.3 魔棒工具

魔棒工具同样也是一种选区工具。在"工具"面板中选择魔棒工具❶，在所打开的参数设置区域选择"被线条包围的透明区域"单选按钮❷，在画布上的图像主体部分进行单击❸，可以看到画布被蒙上了一层蓝色，蓝色部分即魔棒工具所创建的选区，如下左图所示。

选择"被线条包围的透明区域"单选按钮后，使用魔棒工具对画布上的图像进行选择，将只能够选择画布中透明的部分。单击图像主体部分外的透明部分，将会看到只有画布上的透明区域被建立为选区，如下右图所示。

在使用SAI进行绘画的时候，将魔棒工具的"选区取样模式"设置为"被线条包围的透明区域"，可以帮助用户更便捷地对所绘制的图像进行上色。在画布上闭合的黑色线条内单击，即可选中黑色线条内部的透明区域，如下左图所示。

当线条并未闭合的时候，在画布上的黑色线条内部单击，将会使图层上的透明区域全部变为选区，如下中图所示。在"工具"面板中设置魔棒工具的"防止溢出范围"为100px❶，再次在画布上未闭合的黑色线条内部单击❷，可以较为准确地将线条所包围的透明区域设置为选区，如下右图所示。

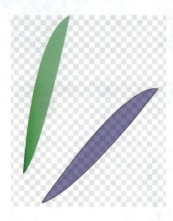

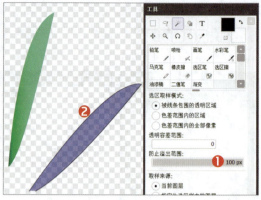

"透明容差范围"指选区对图层上透明部分的色彩容差，容差的数值越大，对透明范围外的色彩选择得越多。将魔棒工具的"色差范围"设置为0❶，在画布上红色线条包围的透明区域内单击❷，如下左图所示。

将魔棒工具的"色差范围"设置为50❶，在画布上红色线条包围的区域内单击，可以看到使用魔棒工具建立的选区明显扩大❷，如下右图所示。

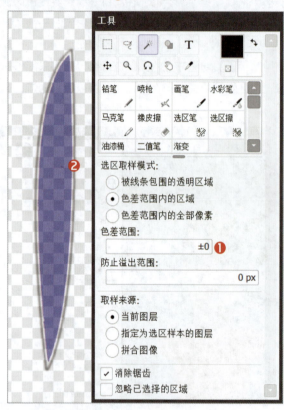
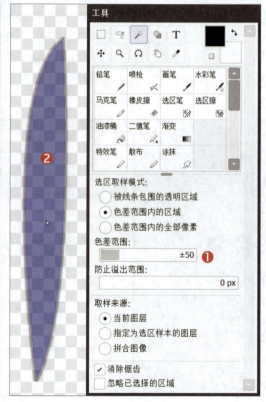

使用魔棒工具时，"取样来源"将会默认选择"当前图层"单选按钮，在使用魔棒工具在画布上建立选区时，选区建立的范围将被局限在当前图层所包含的像素上。

在"羽毛.sai2"文件中，画布上的图像分别由"羽毛"和"边框"两个图层构成。在"图层"面板中选中"边框"图层❶，在"工具"面板中选择魔棒工具❷，选择"色差范围内的区域"单选按钮❸，在"取样来源"区域中选择"当前图层"单选按钮❹，勾选"消除锯齿"复选框❺，单击画布中央的空白区域❻，魔棒工具所建立的选区将覆盖"羽毛"图层中的图像，如下图所示。

　　在"工具"面板的"取样来源"区域中，选择"指定为选区样本的图层"单选按钮❶，在"图层"面板中选中"羽毛"图层❷，选择"指定为选区样本"单选按钮❸，选择"边框"图层❹，使用魔棒工具在画布中央的空白区域单击❺，魔棒工具所建立的选区将以"羽毛"上所包含的像素为准，覆盖"边框"图层中的图像，如下图所示。

　　在"工具"面板的"取样来源"区域选择"拼合图像"单选按钮❶，在"图层"面板中选中"边框"图层❷，使用魔棒工具在画布中央的空白区域单击❸，魔棒工具将综合"边框"图层和"羽毛"图层所包含的像素建立选区，如下图所示。

"忽略已选择的区域"可以指定是否将已选择的区域排除在选区的取样对象之外。在"图层"面板中选中"羽毛"图层，在"工具"面板中设置魔棒工具的"色差范围"为±50❶，选择"当前图层"单选按钮❷，取消勾选"忽略已选择的区域"复选框❸，单击画布上的羽毛图像以建立选区❹，如下左图所示。

在"工具"面板中设置魔棒工具的"色差范围"为±205❶，单击画布上已经建立的选区❷，可以看到选区没有发生变化，如下右图所示。

在"工具"面板的下方勾选"忽略已选择的区域"复选框❶，再次单击画布上已经建立的选区❷，可以看到选区的范围发生了变化，如下图所示。

3.2　移动工具

移动工具可以用于移动图层上所包含的图像，或移动选区内的图像。在"工具"面板中选择移动工具，光标的右下角将会出现移动符号，如下左图所示。

在"工具"面板下方的参数设置区域，勾选"Ctrl+左键单击选择图层"复选框❶，按住Ctrl键，将光标移动到画布上❷，即可显示光标所在位置图像对应的图层，如下右图所示。

按住Ctrl键，将光标移动到所需选择的图层对应的图像上❶，单击压感笔笔尖（或鼠标左键）即可选择相应的图层❷，如下图所示。

在"工具"面板下方的参数设置区域中，勾选"剪切和移动无需按修饰键"复选框❶，长按压感笔笔尖（或鼠标左键）对选区进行拖曳❷，即可剪切和移动选区内的图像，如下左图所示。

"拖动生效距离"指对选区进行拖动操作后，操作被确认生效的距离。在"工具"面板中选择移动工具❶，设置"移动"的距离为±50px❷，长按压感笔笔尖（或鼠标左键）对所选图像进行拖曳操作❸，可以看到在光标的移动范围未超过50像素时，图像将不作移动，如下右图所示。

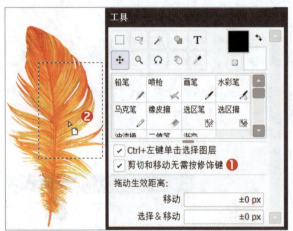 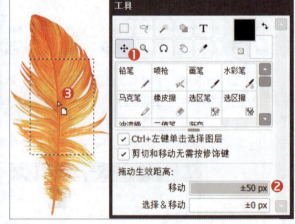

3.3 矢量工具

使用"工具"面板中的形状工具或文字工具，可以在SAI中创建矢量图层，从而绘制矢量图像。

其中形状工具是一种路径工具，可以使用对应的路径工具对所创建的形状进行编辑，文字工具则只能在SAI的参数设置区域中对各种参数进行设置。本节将详细介绍"工具"面板中的两种矢量工具。

3.3.1 形状工具

形状工具可以用于建立形状图层，绘制矢量形状。SAI2为用户提供了三种矢量形状工具，分别为椭圆形状工具、三角形形状工具和矩形形状工具。

1. 椭圆形状工具

在"工具"面板的通用工具区域中选择形状工具 ⬜❶，在参数设置区域中选择椭圆形状工具 ●❷，长按压感笔笔尖（或鼠标左键）在画布上进行拖曳❸，即可绘制一个椭圆，如下左图所示。按住Shift键，长按压感笔笔尖（或鼠标左键）在画布上进行拖曳，即可绘制一个正圆，如下右图所示。

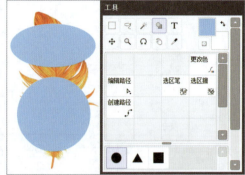

2. 矩形形状工具

矩形形状工具的使用方法和椭圆形状工具相同。在"工具"面板的参数设置区域中选择矩形形状工具 ⬛❶，长按压感笔笔尖（或鼠标左键）在画布上进行拖曳❷，即可绘制一个矩形，如下左图所示。按住Shift键，长按压感笔笔尖（或鼠标左键）在画布上进行拖曳，即可绘制一个正方形，如下右图所示。

3. 三角形形状工具

在"工具"面板的参数设置区域选择三角形形状工具❶，长按压感笔笔尖（或鼠标左键）在画布上从上至下地进行拖曳❷，即可绘制一个方向向上的等腰三角形，如下左图所示。

长按压感笔笔尖（或鼠标左键）在画布上从下至上地进行拖曳，即可绘制一个方向向下的等腰三角形，如下右图所示。

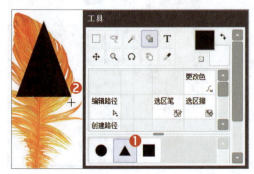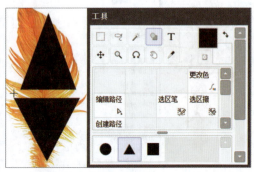

按住Shift键，长按压感笔笔尖（或鼠标左键）在画布上进行拖曳，即可绘制出等边三角形，如右图所示。

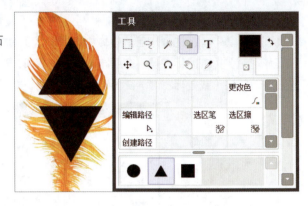

3.3.2 文字工具

SAI2为用户提供了在图像上添加文字的功能。在"工具"面板中选择文字工具**T**❶，在画布上单击压感笔笔尖（或鼠标左键）❷，即可在所创建的文本框中输入文字❸，如下左图所示。

在"工具"面板中的参数设置区域，我们可以对文字的参数进行预先设置，也可以在添加文字后，在文本框中选中所需更改参数的文字，在"工具"面板的参数设置区域修改之前的设置，如下右图所示。

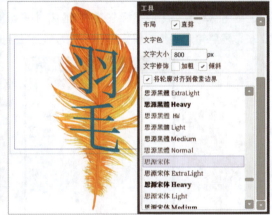

1. 布局

使用文字工具在画布上创建的文字，其"布局"通常会默认为横排，如下左图所示。在"工具"面板中勾选"直排"复选框❶，横排的文字将会被更改为竖排。更改文字布局后，文本框的位置将会发生改变，在"文字大小"并没有更改的情况下，文字的实际大小也将缩小❷，如下右图所示。

取消对"直排"复选框的勾选，文字将会回归原本的位置和大小。无论是否在创建文字之前预设文字的"布局"，在"文字大小"设置相同的情况下，直排文字的实际大小都将比横排文字的实际大小缩小两倍左右。

2. 文字色

在SAI中，文字的颜色通常会被默认为黑色。在"色"面板或"工具"面板中，设置前景色为白色，如下左图所示。

在文本框中选中所需更改颜色的文字，单击"工具"面板中的"文字色"按钮，文字的颜色即被更改为白色，如下右图所示。

3. 文字大小

创建文字后，还可以对文字的大小进行修改。在文本框中选中"毛"字，如下左图所示。

在"工具"面板中的"文字大小"右侧的数值框中输入100，可以看到"毛"字的大小已经被更改为100px，如下右图所示。

4. 文字修饰

SAI还可以对文字进行加粗或倾斜的修饰。在画布上的文本框中选中"毛"字❶，在"工具"面板中勾选"加粗"复选框❷，"毛"字即被加粗，如下左图所示。在"工具"面板中勾选"倾斜"复选框，"毛"字即向右侧倾斜，如下右图所示。

在"工具"面板中勾选"将轮廓对齐到像素边界"复选框，可以使文字的轮廓更加锋利。勾选"将轮廓对齐到像素边界"复选框前，文字的效果如下左图所示。勾选"将轮廓对齐到像素边界"复选框后，文字的效果如下右图所示。

5. 字体列表

"工具"面板中文字工具所对应的参数设置区域的最下方是字体列表，在画布上的文本框中选择"羽"字❶，在字体列表中单击"思源黑体 Heavy"选项❷，"羽"字的字体即被更改，如下左图所示。

拖动字体列表右侧的滚动条，可以浏览列表中的更多字体。当字体所包含的字库中缺乏对应的字形时，文字将会表现为方框或方块，用以表明字体的缺省，如下右图所示。

按住Ctrl键的同时使用键盘上的方向键，可以使文字图层进行移动。或在"图层"面板中选中所需移动的文字图层，在"工具"面板中选择移动工具⊕，即可移动所选文字图层上的内容，如下图所示。

提示：

在SAI中只能对文字的参数进行最基础的设置，而无法进行自由变换或段落的排布。对文字进行自由变换，需要在菜单栏中执行"图层>栅格化"命令，将文字栅格化为位图。

SAI中的文字只能在.sai格式或.sai2格式的文件中保存其矢量信息，一旦存储为.psd等其它格式，文字将自动栅格化为位图保存。

实战练习 制作漫画对话气泡

学习了对选区工具、移动工具和矢量工具的使用，下面我们将以制作漫画对话气泡为例，进一步讲解这些工具的具体使用方法。

步骤 01 在菜单栏中执行"文件>打开"命令，或按下Ctrl+O快捷键，在弹出的"打开画布"对话框中选择"对话气泡.png"文件❶，单击OK按钮❷打开，如下左图所示。

步骤 02 在"工具"面板中设置前景色为白色❶，选择形状工具❷，在参数设置区域选择椭圆形状工具❸，如下右图所示。

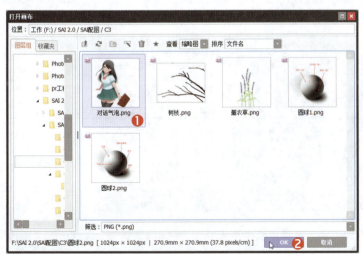

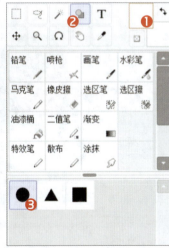

步骤 03 长按压感笔笔尖（或鼠标左键），在画布上绘制一个椭圆，如下左图所示。

步骤 04 在"工具"面板中选择形状工具，在参数设置区域选择三角形形状工具，在画布上从右上至左下绘制一个三角形，如下右图所示。

步骤05 按下Ctrl+T组合键，对三角形进行旋转变形，并移动其位置，如下左图所示。

步骤06 按Enter键确认移动结果，在"图层"面板中同时选中"形状1"图层和"形状2"图层❶，单击"合并所选图层"按钮❷，合并"形状1"图层和"形状2"图层，如下右图所示。

 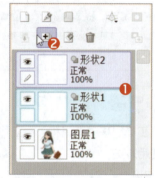

步骤07 在"工具"面板中选择魔棒工具，在打开的参数设置区域中，设置"选区取样模式"为"色差范围内的区域"，在画布上进行单击，选中白色部分，如下左图所示。

步骤08 在"图层"面板中单击"创建一个新图层"按钮❶，在"形状2"图层上方新建"图层2"❷，如下右图所示。

 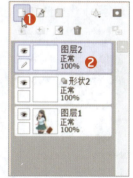

步骤09 在"工具"面板中设置前景色为黑色，在菜单栏中执行"图层>描边"命令，在弹出的"描边"对话框中设置"宽度"为4、"位置"为"内侧"❶，单击OK按钮❷完成描边设置，如下左图所示。

步骤10 按下Ctrl+D组合键，取消建立的选区。在"工具"面板中选择文字工具，在对话气泡中单击创建文本框，在文本框中输入文字"今天天气"❶，按Enter键进行换行，再输入"真好啊"❷，如下右图所示。

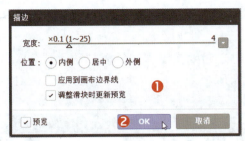

> **步骤 11** 选中所输入的文字，在"工具"面板中的参数设置区域，设置"文字大小"为90，在"工具"面板中选择移动工具，移动文字的位置，如下左图所示。

> **步骤 12** 对话气泡制作完成，最终效果如下右图所示。

3.4　视图操作工具

在SAI的"工具"面板中，用户还可以使用缩放工具、旋转工具和抓手工具3种视图工具对视图进行操作，从而更方便地对图像进行绘制。本节将详细介绍SAI的几种视图操作工具。

3.4.1　缩放工具

使用缩放工具，可以放大或缩小视图。SAI默认缩放工具在进行单击时的操作为"放大"，如下左图所示。在"工具"面板中选择缩放工具 🔍❶，在"单击时的操作"区域中选择"缩小"单选按钮❷，当在视图上单击压感笔笔尖（或鼠标左键）时，图像将进行缩小❸，如下右图所示。

在快捷栏中单击缩放倍率折叠按钮，在打开的缩放倍率列表中，可以看到SAI中固定的图像缩放倍率，如下左图所示。

在不使用拖动的方式对图像进行缩放时，使用缩放工具对图像进行放大或缩小，图像的放大和缩小始终都将以固定的倍率进行缩放，如下右图所示。

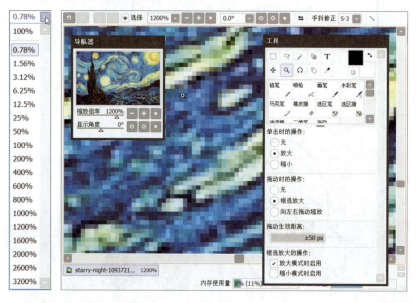

在"工具"面板中的"单击时的操作"区域中，选择"无"单选按钮，在"拖动时的操作"区域中，选择"无"单选按钮，参数设置区域中的"拖动生效距离"和"框选放大的操作"区域将被隐藏，此时在视图上单击或长按压感笔笔尖（或鼠标左键），视图将不会发生任何变化。

在"拖动时的操作"区域选择"框选放大"单选按钮❶，在画布上长按压感笔笔尖（或鼠标左键）对视图进行框选拖曳❷，如下左图所示。图像将以被框选的部分为中心放大至充满整个视图，如下右图所示。

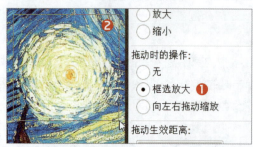

在"拖动时的操作"区域选择"向左右拖动缩放"单选按钮，长按压感笔笔尖（或鼠标左键）在屏幕上左右滑动，图像将随着光标向左拖曳而逐渐缩小、向右拖动而逐渐放大，如下图所示。

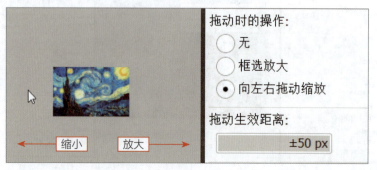

对缩放工具，同样也可以设置"拖动生效距离"。将"拖动生效距离"设置为±50px，当光标在视图上拖曳的距离不超过50像素时，视图将不作缩放。

在"工具"面板的参数设置区域中，勾选"以拖动的开始位置为中心"复选框，对图像以左右拖动的方式进行缩放时，图像将以光标进行拖动时的初始位置为中心在视图中进行缩放，如下图所示。

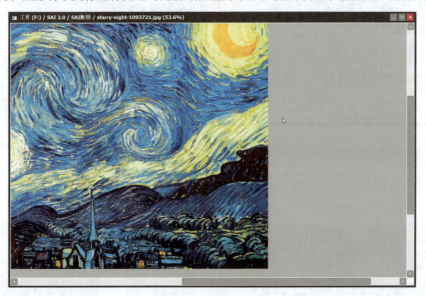

取消"以拖动的开始位置为中心"复选框，对图像以左右拖动的方式进行缩放时，图像将始终以进行缩放前在视图中的初始位置进行缩放，如下图所示。

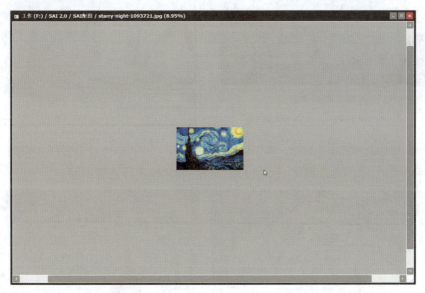

3.4.2 旋转工具

在"导航器"面板或快捷栏中单击相关按钮改变视图的旋转角度，只能以固定的角度对视图进行旋转。在"导航器"面板中拖动"显示角度"滑块，可以任意对视图进行旋转，但很难精确视图具体旋转的角度，如下左图所示。

旋转工具可以更加细微和便捷地调整视图旋转的角度，帮助用户更好地进行图像绘制。在"工具"面板中选择旋转工具🔄，长按压感笔笔尖（或鼠标左键）在视图上进行拖曳旋转，如下右图所示。

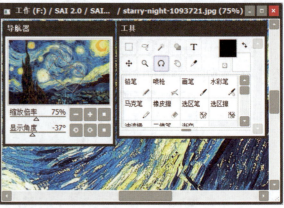

3.4.3 抓手工具

抓手工具可以用来移动画布在视图中的具体位置。当图像在视图中完全显示的时候，如下左图所示。在快捷栏中设置视图的缩放倍率为100%，如下右图所示。

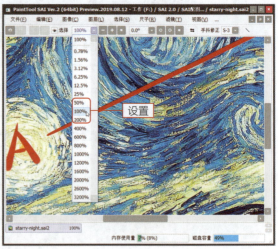

在"工具"面板中选择抓手工具，将光标移动到画布上，光标将会变为张开的手掌图标，如下左图所示。长按压感笔笔尖（或鼠标左键），光标将会变为拳头图标，如下右图所示。

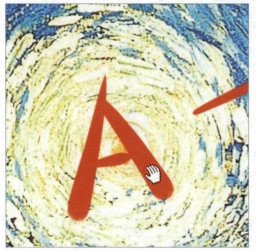
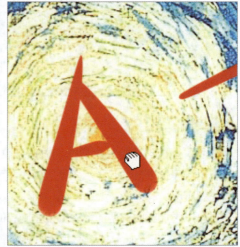

长按压感笔笔尖（或鼠标左键）从右上至左下在画布上进行拖曳，即可将主视窗中显示的图像从A点拖移到B点，如下图所示。

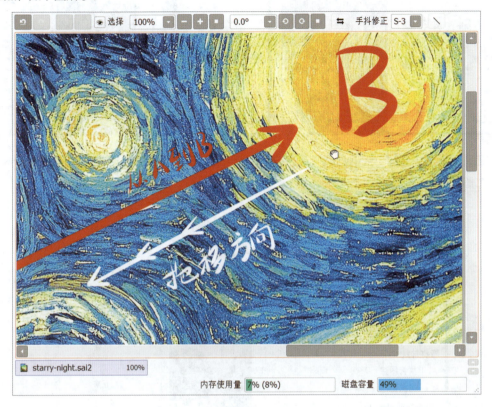

3.5 颜色操作工具

颜色操作工具可以帮助用户选择所需的色彩。除了在"色"面板中对颜色进行选取之外，SAI还在"工具"面板中，为用户提供了5种颜色操作工具，包括"吸管工具""更改前景色""更改背景色""前景色和背景色互换"和"切换前景色和透明色"。

在"工具"面板的颜色操作区域中，"更改前景色"按钮❶位于左上方，"更改背景色"按钮❷位于右下方，"前景色和背景色互换"按钮位于右上方❸，"切换前景色和透明色"按钮位于左下方❹，如右图所示。本节将详细介绍SAI的"工具"面板中的几种颜色操作工具。

3.5.1 吸管工具

吸管工具可以用于吸取图像上的颜色，被吸取的颜色将会在"工具"面板中设置为前景色。在"工具"面板中选择吸管工具✐❶，将光标移动到所需选取颜色的位置，单击压感笔笔尖（或鼠标左键）❷，即可对光标所在位置的颜色进行选取，如下左图所示。

吸管工具的"取样对象"默认选择为"拼合图像"。当在"工具"面板中选择了"拼合图像"单选按钮时，使用吸管工具选取的颜色将不局限于当前图层，可以对当前画布上所呈现出的所有颜色进行选取，如下右图所示。

在"工具"面板中选择"当前图层"单选按钮，使用吸管工具对颜色进行选取时，将只能选择当前图层上所包含的颜色，如下图所示。

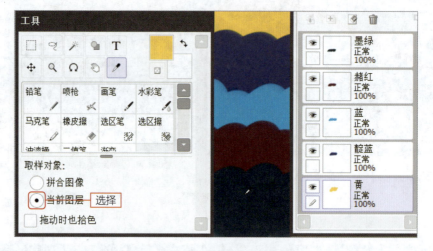

在"工具"面板中勾选"拖动时也拾色"复选框，长按压感笔笔尖（或鼠标左键）在画布上进行拖动，"工具"面板中的前景色将根据光标经过的位置实时改变颜色，如下图所示。

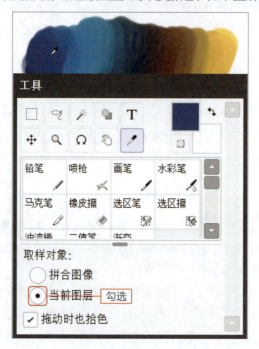

提示：

在画布上所需选取颜色的位置单击鼠标右键，或压感笔下键，同样可以对画布上的颜色进行拾取。对吸管工具的设置将会同步到右键的设置中。

3.5.2 更改前景色

在SAI中，用户可用四种方法更改当前绘画的前景色。在"工具"面板中选择吸管工具，可以在SAI中的图像上拾取所需的颜色；使用鼠标右键或压感笔下键，同样可以在SAI中的图像上拾取所需的颜色；在"色"面板中选取或设置所需的颜色；在"工具"面板中单击"更改前景色"按钮❶，如下左图所示。在弹出的"更改前景色"对话框中设置颜色的参数❷，单击OK按钮❸即可完成更改，如下右图所示。

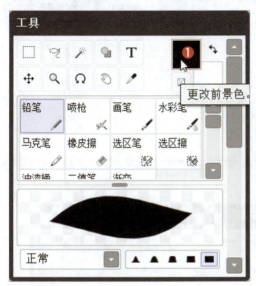
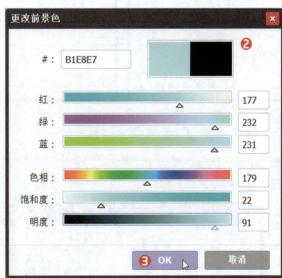

3.5.3 更改背景色

在"工具"面板中单击"更改背景色"按钮❶，如下左图所示。在弹出的"更改背景色"对话框中设置颜色的参数❷，单击OK按钮即可完成更改❸，如下 图所示。

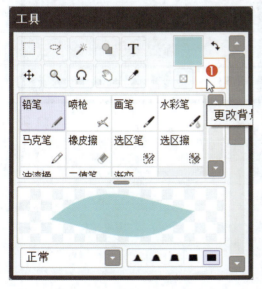
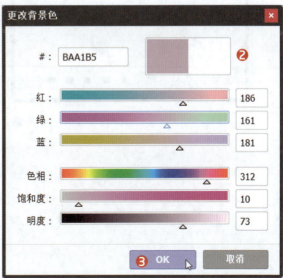

3.5.4 切换前景色和透明色

透明色即无颜色，将透明色应用到画笔上，相当于将画笔变为了橡皮擦。在"工具"面板中单击"切换前景色和透明色"按钮，如下左图所示。当前画笔的颜色将被切换为透明色，使用透明色对图像进行修改，将会产生擦除图像的效果，如下右图所示。

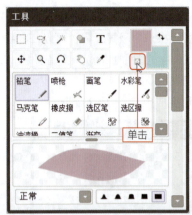
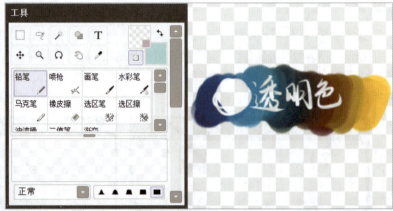

3.5.5 前景色和背景色互换

在"工具"面板中单击"前景色和背景色互换"按钮，如下左图所示。或按下X快捷键，即可对当前设置的前景色和背景色完成互换，如下右图所示。

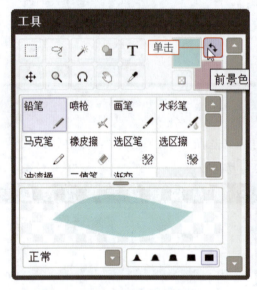
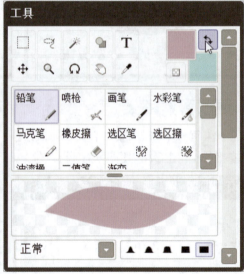

知识延伸：同类色和互补色

对图像的颜色进行操作前，首先要学习基本的配色知识。在对图像进行上色的实际操作过程中，同类色和互补色的概念是最为常用的。

将色相环均等地分成24份，每一份色相将处于15°的扇形夹角之中，如下图所示。

同类色指色相的性质相同，但色度有深浅区别的颜色，即色相环中15°夹角内的颜色，如深绿与浅绿、深蓝与浅蓝。为图像添加阴影或高光的时候，往往需要从同类色之中进行选取，使图像颜色的过渡更加自然。

互补色指在色环中呈180°对应的颜色，如橙色和蓝色。选择互补色对图像进行上色，可以让图像呈现出一定的对比度，使图像色彩的搭配更加均衡。

 ## 上机实训：为小吃线稿填色

通过对本章的学习，读者已经熟悉了选区工具和颜色操作工具的应用，下面将以为小吃线稿填色为例，进一步讲解如何使用选区工具填充大面积的色块。

步骤 01 在菜单栏中执行"文件>打开"命令，或按下Ctrl+O快捷键，在弹出的"打开画布"对话框中选择"小吃.png"文件❶，单击OK按钮❷打开，如下左图所示。

步骤 02 在"图层"面板中选中"图层1"，选择"指定为选区样本"单选按钮，单击"创建一个新图层"按钮，在"图层1"上方新建"图层2"，选择"图层2"，长按压感笔笔尖（或鼠标左键）将其拖曳到"图层1"下方，如下右图所示。

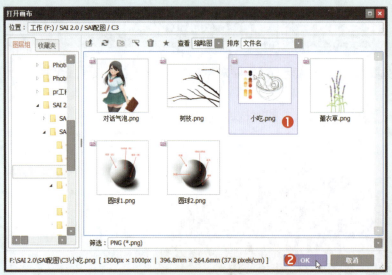
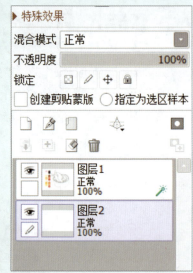

步骤 03 在"工具"面板中选择吸管工具，单击压感笔笔尖（或鼠标左键），拾取画布左侧的颜色，如下左图所示。

步骤 04 在"工具"面板中选择魔棒工具，设置"选区取样模式"为"被线条包围的透明区域""透明容差范围"为±100、"取样来源"为"指定为选区样本的图层"，勾选"消除锯齿"复选框，如下右图所示。

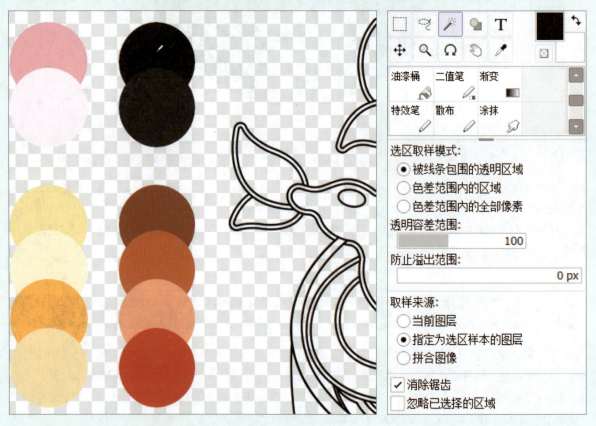

步骤 05 使用魔棒工具，在画布上创建选区，如下左图所示。

步骤 06 在在菜单栏中执行"选择>扩展选区1像素"命令，按下Alt+Delete组合键，对选区进行填充，如下右图所示。

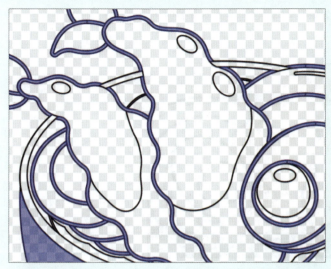

重复步骤03，拾取画布左侧的颜色；重复步骤05，在画布上创建选区，如下左图所示。

步骤 08 重复步骤06，对选区进行填充，如下右图所示。

步骤 09 重复步骤03、步骤05、步骤06，填充叉烧肉的颜色，如下图所示。

步骤10 重复步骤03、步骤05、步骤06，填充炸虾和蟹肉棒的颜色，如下图所示。

步骤11 重复步骤03、步骤05、步骤06，填充鸡蛋的颜色，如下左图所示。

步骤12 重复步骤03、步骤05、步骤06，填充蛋饼的颜色，如下右图所示。

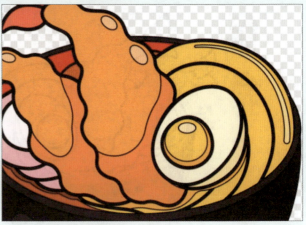

步骤13 在"图层"面板中单击"图层1"左侧的眼睛按钮，取消"图层1"的可见性，如下左图所示。

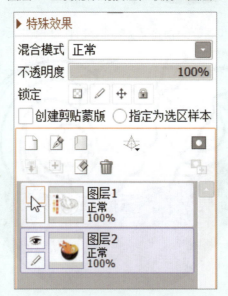

步骤14 在菜单栏中执行"图像>画布背景>白"命令，将画布背景设置为白色，最终效果如下图所示。

步骤15 小吃线稿填色完毕，最终效果如下图所示。

课后练习

1. 选择题（部分多选）

（1）以下哪些工具属于选区工具_____。

A. 魔棒工具   B. 抓手工具

C. 套索工具   D. 吸管工具

（2）以下哪种方法不可用于选择前景色_____。

A. 使用吸管工具对图像进行吸色   B. 在"图层"面板中设置颜色

C. 单击压感笔下键对图像进行吸色   D. 在"更改前景色"中设置颜色

（3）SAI中的形状工具包括_____。

A.三角形形状工具   B. 矩形形状工具

C. 多边形形状工具   D. 椭圆形状工具

2. 填空题

（1）缩放工具可以_____。

（2）移动工具可以用于移动图层上所包含的图像，或移动_____图像。

（3）抓手工具可以用于_____。

3. 上机题

使用给定的颜色，对驯鹿图像进行填色，填色前后对比效果如下图所示。

操作提示

（1）为魔棒工具设置不同的参数建立选区。

（2）灵活使用"选择"菜单中的命令修改选区的范围。

Chapter 04　普通图层工具的基本设置

本章概述

本章主要介绍普通图层工具的各种参数设置，如散焦、混色等，并对其应用方式和效果进行讲解。通过对本章的学习，用户能够熟悉和掌握普通图层工具的基本设置，为进一步了解SAI的普通图层工具做好准备。

核心知识点

❶ 了解普通图层工具的定义
❷ 掌握画笔大小与浓度的设置
❸ 掌握画笔形状与纹理的设置
❹ 了解混色的设置与应用

4.1　普通图层工具的定义

在"工具"面板中，通用工具区域下方的区域被称为自定义工具区域。

当在"图层"面板中选中矢量图层的时候，自定义工具区域将会出现对应的矢量工具；当在"图层"面板中选中普通图层的时候，自定义工具区域将会出现能够在普通图层上使用的工具，包括通常意义上的画笔工具、选区工具和渐变工具等。因此，这些工具也被统称为普通图层工具。

SAI中内置了多达14种普通图层工具，包括"铅笔"工具、"喷枪"工具、"画笔"工具、"水彩笔"工具、"马克笔"工具、"橡皮擦"工具、"选区笔"工具、"选区擦"工具、"油漆桶"工具、"二值笔"工具、"渐变"工具、"特效笔"工具、"散布"工具和"涂抹"工具，如下左图所示。

在"铅笔"工具上单击压感笔下键（或鼠标右键），在打开的快捷菜单中可以选择对画笔进行复制、删除或属性设置。

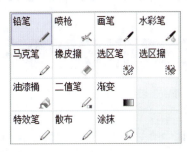
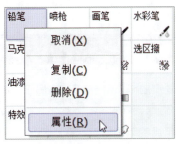

在快捷菜单中单击"属性"命令，在打开的"自定义工具的属性"对话框中，可以对工具的名称、快捷键等进行设置，设置完成后，单击OK按钮即可确认，如下左图所示。

选择"涂抹"工具，长按压感笔下键（或鼠标右键）向右进行拖曳，即可将"涂抹"工具移动到右侧的格子里，如下右图所示。

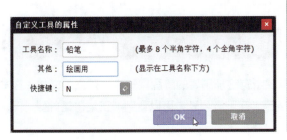
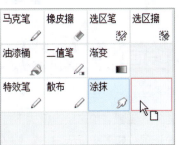

在自定义区域中的空白格上单击压感笔下键（或鼠标右键），在打开的快捷菜单中可以选择增加普通图层工具，如下左图所示。

在使用画笔工具、选区工具或其他一些功能性工具进行绘画之前，首先需要对它们的参数进行设置。在"工具"面板中单击"画笔"工具，如下中图所示。在"工具"面板的自定义工具区域下方将会打开与"画笔"工具对应的参数设置区域，如下右图所示。本节将详细介绍普通图层工具的一些通用设置选项。

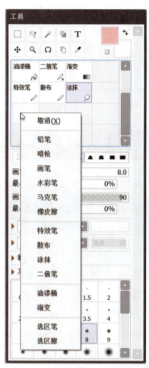

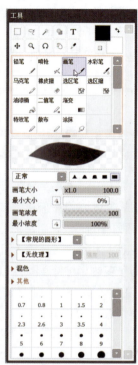

4.2　画笔预览

在菜单栏中执行"窗口>显示操作面板>显示画笔预览"命令，可以选择是否在"工具"面板中显示画笔预览。

画笔预览是绘画工具的笔画预览，在画笔预览区域中单击即可更改画笔预览的背景色。画笔预览为画笔提供了三种背景色模式，以便让用户更好地观察对画笔参数的设置造成的笔刷效果。画笔预览的三种背景色的对比效果如下图所示。

4.3　绘画模式

绘画模式位于画笔预览的左下方，SAI默认所有绘画工具的绘画模式为"正常"模式。在"工具"面板中选择"画笔"工具，单击绘画模式下拉按钮，在下拉列表中可以看到"正常""鲜艳""深沉"和"正片叠底"四个选项，如下图所示。

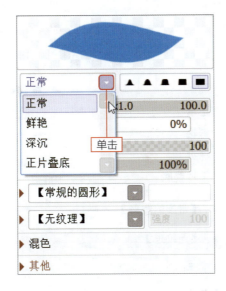

在所有绘画工具中，只有"画笔"工具、"水彩笔"工具和"马克笔"工具拥有四种绘画模式选项，"铅笔"工具和"喷枪"工具只能设置"正常"和"正片叠底"两种绘画模式；"橡皮擦"工具、"选区笔"工具、"选区擦"工具、"油漆桶"工具、"二值笔"工具和"渐变"工具的绘画模式被固定为"正常"模式；而"特效笔"工具、"散布"工具和"涂抹"工具的绘画模式选项和图层的"混合模式"选项内容一致。

4.3.1 鲜艳模式

"鲜艳"模式可以使绘画时的色彩更加鲜艳。在"图层"面板中选择"画笔"工具，单击绘画模式下拉按钮❶，在下拉列表中选择"鲜艳"选项❷，即可在画笔预览中看到"鲜艳"模式下画笔呈现的绘画效果❸，如下图所示。

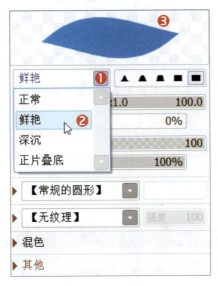

4.3.2 深沉模式

"深沉"模式可以使绘画时的色彩更加暗沉。单击绘画模式下拉按钮❶，在下拉列表中选择"深沉"选项❷，即可在画笔预览中看到"深沉"模式下画笔呈现的绘画效果❸，如下图所示。

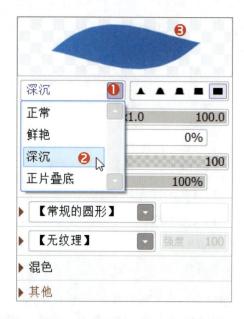

4.3.3 正片叠底模式

"正片叠底"模式可使绘画时的色彩变得更浓、更深。单击绘画模式下拉按钮❶，在下拉列表中选择"正片叠底"模式❷，即可在画笔预览中看到"正片叠底"模式下画笔呈现的绘画效果❸，如下图所示。

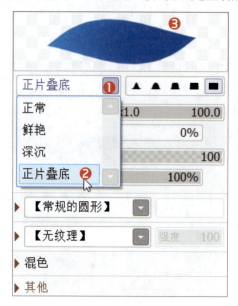

4.4 散焦

散焦即画笔轮廓的模糊程度，SAI为用户提供了5种可选择的散焦程度。

散焦区域位于绘画模式的右侧，单击相应的笔尖形状，即可在画笔预览中看到对应的散焦效果，如下左图所示。

按照散焦区域中笔尖形状的粗细不同，画笔轮廓所呈现的模糊程度也不相同。在散焦区域中，从细到粗的笔尖顺序对应着从最模糊到最清晰的五种散焦等级，如下右图所示。

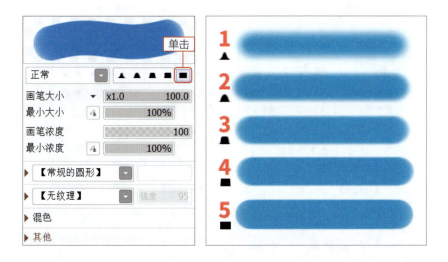

4.5　画笔大小

在SAI中，画笔大小的设置包括"画笔大小"和"最小大小"。"画笔大小"指画笔的直径；"最小大小"指压感笔在画布上施加的压力最轻时，画笔以当前的直径参数所能呈现出的最小的笔画的百分比。为绘图工具设置适当的画笔大小，可以使绘图时的笔触更加细腻。

4.5.1　画笔大小

在"工具"面板中单击"画笔大小"右侧的下拉按钮，在下拉列表中，用户可以对"画笔大小"右侧的滑块所能选择的数值范围进行设置，如下左图所示。在"画笔大小"的下拉列表中选择×1（1~100）选项，"画笔大小"右侧的滑块所显示的数值选择范围将相应地发生改变，如下右图所示。

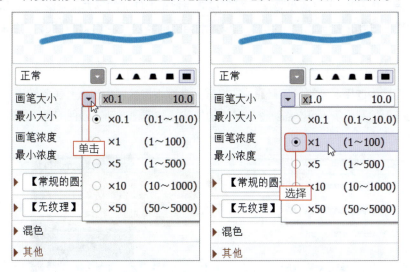

4.5.2　最小大小

在"工具"面板中的参数设置区域中，勾选"最小大小"右侧的复选框，即可对"最小大小"进行设置，如下左图所示。取消勾选"最小大小"复选框，对"最小大小"的设置将失效，画笔将不受笔压影响，始终表现为100%的直径大小，如下右图所示。

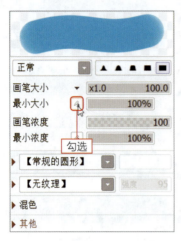 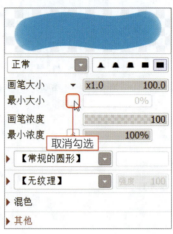

在保持"画笔大小"不变的情况下，"最小大小"的参数从最大到最小，使用压感笔由重到轻地在画布上绘制线条，其对比效果如下图所示。

4.6 画笔浓度

在SAI中，画笔浓度的设置包括"画笔浓度"和"最小浓度"。"画笔浓度"指使用画笔在画布上进行着色时，颜色所表现的不透明；"最小浓度"指压感笔在画布上施加的压力最轻时，画笔以当前的直径参数所能呈现出的最小浓度的百分比。为绘图工具设置适当的画笔浓度，可以使绘图时的色彩表达更加丰富。

4.6.1 画笔浓度

在"工具"面板中选择"画笔"工具❶，在打开的参数设置区域中设置"画笔浓度"为100❷，如下左图所示。在画布上绘制线条，可以看到除了散焦造成的笔触虚化之外，颜色的透明度并没有发生改变，如下右图所示。

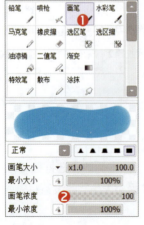 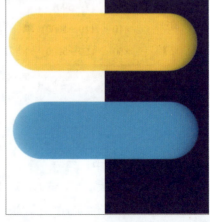

在"工具"面板中设置"画笔浓度"为50，在画布上绘制线条，可以看到颜色的浓度发生了变化，并和底部图层的颜色融合在了一起，如下左图所示。此时在画布上单击压感笔下键（或鼠标右键）对所绘制的线条的颜色进行拾色，可以看到"工具"面板中的前景色也随之发生了变化，如下右图所示。

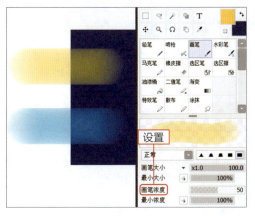 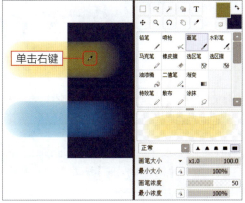

当"画笔浓度"为0时，使用"画笔"工具在画布上进行着色，颜色的透明度也将降低为0，此时使用画笔进行绘画，画布上将不会被施加任何色彩。在"工具"面板中设置"画笔"工具的"画笔浓度"为50，在画布上叠加绘制色彩，色彩将随着叠加次数的增加而不断加深，直到达到将"画笔浓度"设置为100时在画布上着色所能达到的效果，如下图所示。

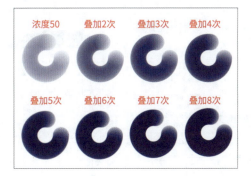

4.6.2 最小浓度

在"工具"面板中的参数设置区域勾选"最小浓度"右侧的复选框，即可对"最小浓度"进行设置，如下左图所示。取消对"最小浓度"右侧复选框的勾选，对"最小浓度"的设置将失效，画笔将不受笔压影响，始终表现为100%的"画笔浓度"，如下右图所示。

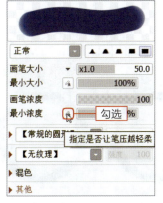 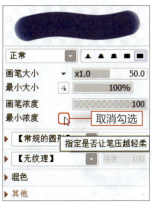

在保持"画笔浓度"不变的情况下,"最小浓度"的参数从最大到最小,使用压感笔由重到轻地在画布上绘制线条,其对比效果如下图所示。

4.7 画笔形状

在SAI中,画笔形状可以使所选择的绘画工具以设置的画笔形状进行绘画。在"工具"面板中选择"画笔"工具,单击【常规的圆形】选项右侧的下拉按钮,在打开的下拉列表中可以看到"画笔"工具所对应的画笔形状,如下左图所示。

在SAI中,画笔形状默认选择为【常规的圆形】选项。当画笔的形状被设置为【常规的圆形】时,用户将无法对画笔形状的参数进行更多设置。

单击【常规的圆形】选项右侧的下拉按钮,在下拉列表中选择其它画笔形状选项,单击【常规的圆形】选项左侧的折叠按钮,即可在打开的参数设置区域中,对所选择画笔形状的参数进行设置,如下右图所示。

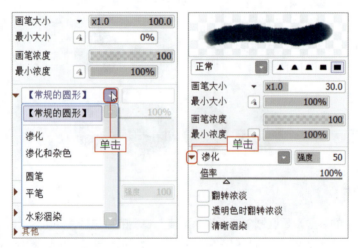

4.7.1 渗化、渗化和杂色

"渗化"与"渗化和杂色"的区别在于纹理的表现。将画笔形状分别设置为【通常的圆形】、"渗化"和"渗化和杂色",使用"画笔"工具在画布上进行绘制,其对比效果如下图所示。

1. 强度

画笔形状中的"强度"指画笔形状应用在绘画工具上的洇染强度，长按压感笔笔尖（或鼠标左键）在"强度"滑块上进行拖曳，或在"强度"滑块上单击，即可设置画笔形状的洇染强度。

在"工具"面板中选择"画笔"工具，在画笔形状区域中设置"渗化"的"强度"为0❶，使用"画笔"工具在画布上进行绘制❷，所绘制的线条将不被叠加纹理洇染效果，如下左图所示。

在画笔形状区域中设置"渗化"的"强度"为30❶，使用"画笔"工具在画布上进行绘制❷，所绘制的线条上将会出现清晰的洇染纹理效果，如下右图所示。

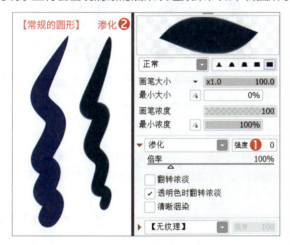
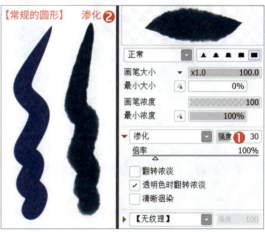

在画笔形状区域中设置"渗化"的"强度"为60❶，使用"画笔"工具在画布上进行绘制❷，画笔的纹理效果将会表现得更加清晰和强烈，所绘制的线条内部也开始受到纹理的洇染，如下左图所示。

在画笔形状区域中设置"渗化"的"强度"为100❶，使用"画笔"工具在画布上进行绘制❷，所绘制的线条形状将完全由纹理构成，如下右图所示。

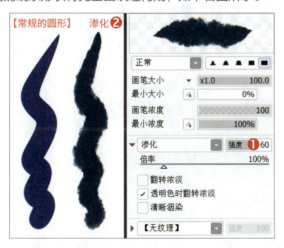
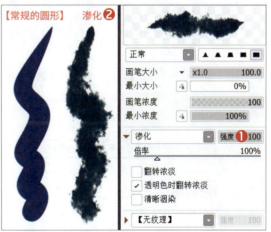

2. 倍率

"倍率"指洇染纹理的缩放倍率，长按压感笔笔尖（或鼠标左键）在"倍率"滑块上进行拖曳，或在"倍率"滑块上单击，即可设置画笔形状的缩放倍率。

在SAI中，画笔形状的"倍率"最低可以设置为10%，最高可以设置为500%。

在"工具"面板中设置"画笔"工具的画笔形状为"渗化"，"强度"为100，设置"倍率"分别为10%、100%、200%、300%、400%、500%，在画布上绘制线条，其效果对比如下图所示。

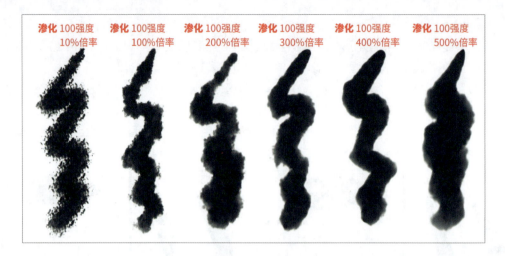

3. 翻转浓淡

"渗化"和"渗化和杂色"画笔的形状，还可以进行"翻转浓淡"设置。

在"工具"面板中设置"画笔"工具的画笔形状为"渗化"❶，在画笔形状参数设置区域勾选"翻转浓淡"复选框❷，在画笔预览中可以看到纹理的浓淡被翻转后，在操作中将会体现的洇染效果❸，如下左图所示。

取消对"翻转浓淡"复选框的勾选，在画笔预览中可以看到纹理的浓淡正常表现时，在操作中将会体现的洇染效果，如下右图所示。

4. 透明色时翻转浓淡

使用透明色在画布上进行绘画，相当于使用橡皮擦工具修改当前图层上所包含的图像。对"渗化"和"渗化和杂色"画笔形状进行"透明色时翻转浓淡"的设置，当使用透明色在画布上进行绘画时，绘画工具所表现出的浓淡也将发生翻转。

在"工具"面板中设置"画笔"工具的画笔形状为"渗化"❶，在画笔形状参数设置区域勾选"透明色时翻转浓淡"复选框❷，在画笔预览中可以看到纹理的浓淡被翻转后，在操作中将会体现的洇染效果❸，如下左图所示。

取消对"透明色时翻转浓淡"复选框的勾选，在画笔预览中可以看到纹理的浓淡正常表现时，在操作中将会体现的洇染效果，如下右图所示。

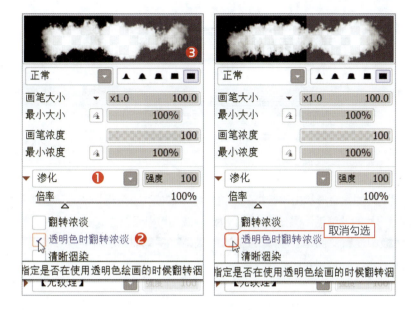

5. 清晰洇染

"清晰洇染"将使画笔形状的纹理洇染尽可能变得清晰。

在"工具"面板中设置"画笔"工具的画笔形状为"渗化"❶，"倍率"为200%❷，在画布上进行线条绘制，可以看到纹理被放大后，所绘制的线条边缘明显变得虚化❸，如下左图所示。

在画笔形状参数设置区域勾选"清晰洇染"复选框，在画布上进行线条绘制，可以看到所绘制的线条边缘明显清晰了许多，如下右图所示。

4.7.2 圆笔与平笔

"圆笔"与"平笔"的不同在于笔头的形状。将画笔形状分别设置为"圆笔"和"平笔"，使用"画笔"工具在画布上进行绘制，其对比效果如下左图所示。

"圆笔"和"平笔"有着与"渗化"和"渗化和杂色"不同的画笔形状设置选项。

单击【常规的圆形】选项右侧的下拉按钮，在下拉列表中选择"圆笔"或"平笔"选项，即可对画笔形状的"笔毛"和"最小笔毛"等参数进行设置，如下右图所示。

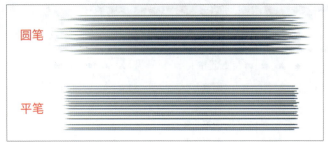 

1. 笔毛

"圆笔"和"平笔"的画笔形状由平行排列的直线线条构成，"笔毛"决定了这些平行直线的粗细。

在SAI中，画笔形状的"笔毛"最低可以设置为0，最高可以设置为100。

在"工具"面板中设置"画笔"工具的画笔形状为"平笔"，分别设置"笔毛"为0、30、60和100，在画布上绘制线条，其效果对比如下图所示。

2. 最小笔毛

"最小笔毛"决定了当压感笔对数位板施加的压力最轻时，使用"画笔"工具在画布上绘制线条，笔毛所能表现出的最细程度。

在保持其它参数不变的情况下，"最小笔毛"的参数从最小到最大，使用压感笔由重到轻地在画布上绘制线条，其对比效果如下图所示。

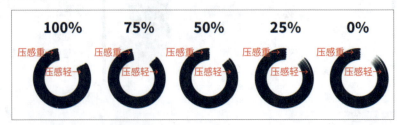

3. 离散

"离散"可以改变笔毛的不规则程度，最低可以设置为0%，最高可以设置为20%。

在"工具"面板中设置"画笔"工具的画笔形状为"平笔"，"笔毛"为0，"最小笔毛"为100%，在保持其它参数不变的情况下，分别设置"离散"为0%和20%，在画布上绘制一条直线，可以看到笔毛的排列方式发生了明显的改变，如下图所示。

4. 方向

在画笔形状的参数设置区域单击"方向"右侧的下拉按钮，可以在打开的下拉列表中选择控制笔毛方向的方式，如下左图所示。

"圆笔"和"平笔"拥有三种方向选项，分别为"无"、"自动"和笔尖方向。设置"画笔"工具的画笔形状为"平笔"、"笔毛"为0、"最小笔毛"为100%、"离散"为0%，分别设置"方向"为"无"、"自动"和"笔尖方向"，在画布上绘制圆形，可以看到选择不同的方向选项所绘制出的线条有着明显的区别，如下右图所示。

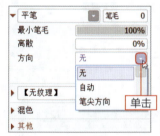
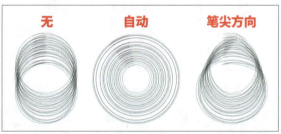

5. 检测折回

"检测折回"可以指定是否在笔画折回的时候切断笔毛的联系。

设置"画笔"工具的画笔形状为"平笔"、"笔毛"为0、"最小笔毛"为100%、"离散"为0%、"方向"为自动❶，在画笔形状的参数设置区域勾选"检测折回"复选框❷，使用"画笔"工具在画布上一次绘制折回的直线，光标反复经过的部分，画笔形状的纹理将会叠加在一起❸，如下左图所示。

在画笔形状的参数设置区域取消对"检测折回"复选框的勾选❶，使用"画笔"工具在画布上一次绘制折回的直线，光标反复经过的部分，画笔形状的纹理将会叠加在一起，而画笔回折的端点将会出现笔毛折回的痕迹❷，如下右图所示。

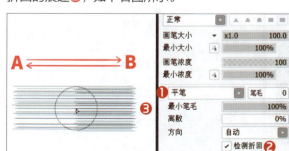
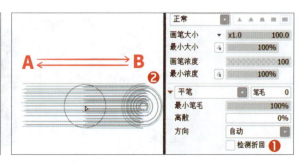

4.7.3 水彩涸染

"水彩涸染"可以为画笔添加类似用水涸染颜色的纹理效果。

单击【常规的圆形】选项右侧的下拉按钮，在下拉列表中选择"水彩涸染"选项，即可对画笔形状的"浓度"和"角度控制"等参数进行设置，如右图所示。

1. 浓度

"浓度"即画笔图案的颜色浓度，在SAI中，画笔形状的"浓度"最低可以设置为0，最高可以设置为100。

在"工具"面板中，设置"画笔"工具的画笔形状为"水彩涸染"，设置"浓度"为0❶，画笔图案的颜色浓度也将降低为0，不呈现任何色彩❷，如下左图所示。将"浓度"设置为50，画笔图案的颜色浓度也将提高到50，如下中图所示。将浓度设置为100，画笔图案的颜色浓度将提升到最大，如下右图所示。

  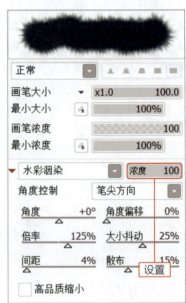

2. 角度控制

"角度控制"可以用于更改画笔形状的绘制角度。单击"角度控制"右侧的下拉按钮，在下拉菜单中可以看到"无""自动"和"笔尖方向"3个选项，如下左图所示。

在"工具"面板中，设置"画笔"工具的画笔形状为"水彩涸染""浓度"为100、"角度控制"为"无"❶，然后再设置"角度"为+0°、"角度偏移"为0%、"倍率"为100%、"大小抖动"为0%、"间距"为1%、"散布"为0%❷，在画布上绘制线条❸，画笔所展现的形状如下右图所示。

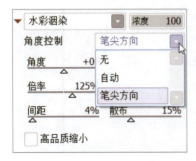 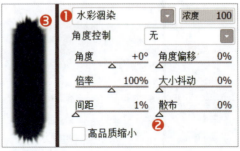

在其它参数设置不变的情况下，设置"角度控制"为"自动"❶，使用"画笔"工具在画布上绘制线条❷，画笔所展现的形状如下左图所示。

设置"角度控制"为"笔尖方向"❶，使用"画笔"工具在画布上绘制线条❷，画笔所展现的形状如下右图所示。

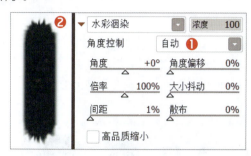 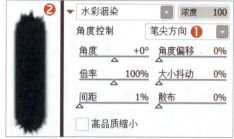

3. 角度

"角度"可以用于设置画笔形状的呈现角度。在SAI中，画笔形状的"角度"最高可以设置为+180°，最低可以设置为-180°。长按压感笔笔尖（或鼠标左键）拖动滑块，或在滑块上进行单击，即可对"水彩洇染"的角度进行设置，如右图所示。

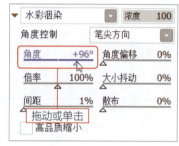

在其它参数设置不变的情况下，在画笔形状的参数设置区域分别设置"水彩洇染"的"角度"为-180°、-120°、-60°、+0°、+60°、+120°、+180°，使用"画笔"工具在画布上单击绘制一个点，所呈现的"水彩洇染"的图案对比如下图所示。

4. 角度偏移

"角度偏移"可以用于设置画笔形状角度的抖动程度。在SAI中，画笔形状的"角度"最高可以设置为+100%，最低可以设置为0%。长按压感笔笔尖（或鼠标左键）拖动滑块，或在滑块上进行单击，即可对"水彩洇染"的图案抖动角度进行设置，如下左图所示。

在"工具"面板中设置"画笔"工具的画笔形状为"水彩洇染""浓度"为100、"角度控制"为"无"，设置"角度"为+0°、"倍率"为100%、"间距"为1%、"大小抖动"为0%、"散布"为0%，分别设置"角度偏移"为0%、25%、50%、75%、100%，使用"画笔"工具在画布上绘制线条，所呈现的"水彩洇染"的画笔形状效果对比如下右图所示。

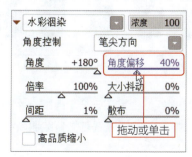 

5. 倍率

"倍率"可以用于设置画笔形状图案的缩放倍数。在SAI中，画笔形状的"倍率"最高可以设置为200%，最低可以设置为1%。"倍率"越低，画笔形状越小；"倍率"越高，画笔形状越大。

长按压感笔笔尖（或鼠标左键）拖动滑块，或在滑块上进行单击，即可对"水彩洇染"的图案缩放倍率进行设置，如下左图所示。

在"工具"面板中设置"画笔"工具的画笔形状为"水彩洇染"、"浓度"为100、"角度控制"为"无"，设置"角度"为+0°、"角度偏移"为0%、"间距"为1%、"大小抖动"为0%、"散布"为0%，分别设置"倍率"为1%、50%、100%、150%、200%，使用"画笔"工具在画布上绘制线条，所呈现的"水彩洇染"的画笔形状效果对比如下右图所示。

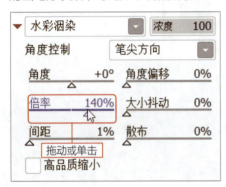

6. 大小抖动

"大小抖动"可以用于设置画笔形状大小的抖动程度。

在SAI中，画笔形状的"大小抖动"最高可以设置为50%，最低可以设置为0%。长按压感笔笔尖（或鼠标左键）拖动滑块，或在滑块上进行单击，即可对"水彩洇染"的图案大小抖动进行设置，如下左图所示。

在"工具"面板中设置"画笔"工具的画笔形状为"水彩洇染"、"浓度"为100、"角度控制"为"无"，设置"角度"为+0°、"角度偏移"为0%、"倍率"为100%、"间距"为1%、"散布"为0%，分别设置"大小抖动"为0%、10%、20%、30%、40%、50%，使用"画笔"工具在画布上绘制线条，所呈现的"水彩洇染"的画笔形状效果对比如下右图所示。

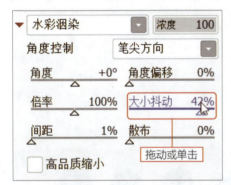

7. 间距

为绘画工具设置画笔形状，在画布上进行绘制，所绘制的图像实际上是由一个个连续不断的图案组成的。"间距"可以用于设置这些图案之间的距离，数值越大，图案之间的间隔就越大；数值越小，图案之间的距离就越小。

在SAI中，画笔形状的"间距"最高可以设置为50%，最低可以设置为1%。长按压感笔笔尖（或鼠标左键）拖动滑块，或在滑块上进行单击，即可对"水彩洇染"的图案间距进行设置，如下左图所示。

在"工具"面板中设置"画笔"工具的画笔形状为"水彩洇染"、"浓度"为100、"角度控制"为"无"，设置"角度"为+0°、"角度偏移"为0%、"倍率"为100%、"大小抖动"为0%、"散布"为0%，分别设置"间距"为1%、10%、20%、30%、40%、50%，使用"画笔"工具在画布上绘制线条，所呈现的"水彩洇染"的画笔形状效果对比如下右图所示。

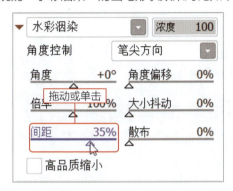

8. 散布

"散布"可以用于设置画笔形状的散布面积，最高可以设置为50%，最低可以设置为0%。对画笔形状进行"散布"的设置，可以使组成图像的图案以光标的绘制轨迹为中心向外进行散布。

长按压感笔笔尖（或鼠标左键）拖动滑块，或在滑块上进行单击，即可对"水彩洇染"的"散布"进行设置，如下左图所示。

在"工具"面板中设置"画笔"工具的画笔形状为"水彩洇染""浓度"为100、"角度控制"为"无"，设置"角度"为+0°、"角度偏移"为0%、"倍率"为100%、"大小抖动"为0%、"间距"为10%，分别设置"散布"为0%、10%、20%、30%、40%、50%，使用"画笔"工具在画布上绘制线条，所呈现的"水彩洇染"的画笔形状效果对比如下右图所示。

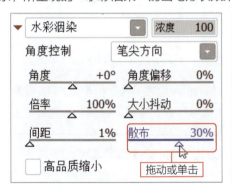

4.8 画笔纹理

画笔纹理设置区域位于画笔形状设置区域的下方，可以用于设置画笔的叠加纹理。

在"工具"面板中选择"画笔"工具，单击【无纹理】下拉按钮，在打开的下拉列表中即可看到"画笔"工具所对应的画笔纹理，如【无纹理】、【纸张质感】、"画布"和"画用纸"，如下左图所示。

在SAI中，画笔的纹理默认选择为【无纹理】选项。当画笔的纹理被设置为【无纹理】时，用户将无法对画笔纹理的更多参数进行更多设置。

单击【无纹理】选项右侧的下拉按钮，在下拉列表中选择其它画笔纹理选项，单击"无纹理"左侧的折叠按钮，即可在打开的参数设置区域中，对所选择画笔纹理的参数进行设置，如下右图所示。

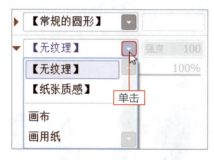 

将画笔纹理设置为【无纹理】，画笔所绘制的图像将不被叠加任何纹理。将画笔纹理设置为【纸张质感】、"画布"或"画用纸"，画笔所绘制的图像将分别被叠加类似纸张的纹理、类似画布的纹理和类似绘画专业用纸的纹理，如下图所示。

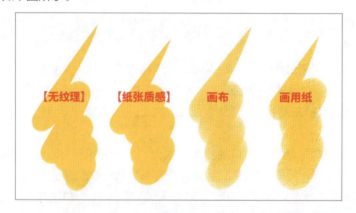

对于所选择的画笔纹理，还可以进行"强度""倍率"和"飞白"等设置，以下将对画笔纹理的参数设置进行详细介绍。

4.8.1 强度

画笔纹理中的"强度"指所设置的纹理对画笔的影响强度，SAI最低可以将"强度"设置为0，最高可以设置为100。长按压感笔笔尖（或鼠标左键）在"强度"滑块上进行拖曳，或在"强度"滑块上单击，即可设置画笔纹理的强度。

"强度"越高，纹理对画笔的影响越大，当"强度"被设置为0时，纹理将不对画笔造成任何影响。

在"工具"面板中选择"画笔"工具，设置画笔形状为【常规的圆形】，设置画笔纹理为"画布""倍率"为100%，将"强度"分别设置为0、25、50、75、100，使用"画笔"工具在画布上绘制图案，其效果对比如下图所示。

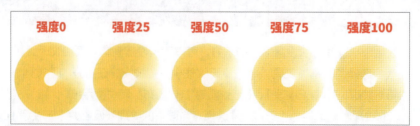

4.8.2 倍率

"倍率"可以用于调整画笔纹理的缩放倍率。长按压感笔笔尖（或鼠标左键）在"倍率"滑块上进行拖曳，或在"倍率"滑块上单击，即可设置画笔纹理的缩放倍率。

在SAI中，画笔纹理的"倍率"最低可以设置为10%，最高可以设置为500%。

在"工具"面板中设置"画笔"工具的画笔纹理为"画布"、其"强度"为100，设置"倍率"分别为10%、100%、200%、300%、400%、500%，在画布上绘制图像，其效果对比如下图所示。

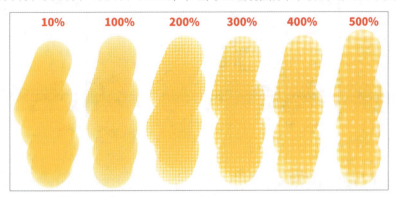

4.8.3 飞白

"飞白"可以指定是否让所选绘画工具的"最小浓度"影响到由纹理产生的飞白上。在"工具"面板中设置"画笔"工具的画笔纹理为"画布"、其"强度"为100、"倍率"为100%，在画笔纹理的参数设置区域勾选"飞白"复选框，使用"画笔"工具在画布上绘制图像，此时画笔的着色将受到压感的控制，如下左图所示。

在画笔纹理的参数设置区域取消对"飞白"复选框的勾选，使用"画笔"工具在画布上绘制图像，此时画笔的着色表现正常，如下右图所示。

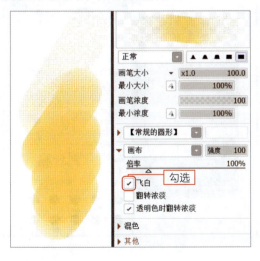
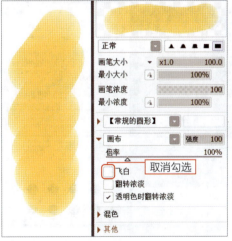

4.8.4 翻转浓淡

"翻转浓淡"可以将纹理的色彩浓淡进行翻转。在"工具"面板中设置"画笔"工具的画笔纹理为"画布"、其"强度"为100、"倍率"为500%，在画笔纹理的参数设置区域勾选"翻转浓淡"复选框，使用"画笔"工具在画布上绘制图像，图像上叠加纹理的浓淡即被翻转呈现，如下左图所示。

在画笔纹理的参数设置区域取消对"翻转浓淡"复选框的勾选，使用"画笔"工具在画布上绘制图像，图像所表现出的纹理如下右图所示。

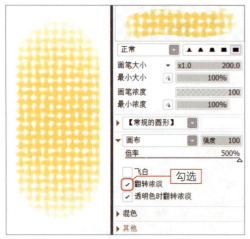 

4.8.5 透明色时翻转浓淡

"透明色时翻转浓淡"可以指定是否在使用透明色进行绘画时翻转纹理的浓淡。

在"工具"面板中设置前景色为透明色，设置"画笔"工具的画笔纹理为"画布"、其"强度"为100、"倍率"为100%，在画笔纹理的参数设置区域勾选"透明色时翻转浓淡"复选框，使用"画笔"工具在画布上绘制图像，效果如下左图所示。

在画笔纹理的参数设置区域取消对"透明色时翻转浓淡"复选框的勾选，使用"画笔"工具在画布上绘制图像，效果如下右图所示。

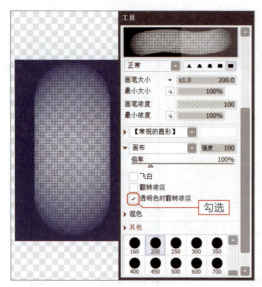 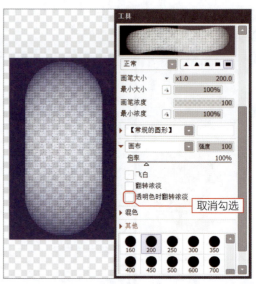

4.9 混色

在"工具"面板中单击"混色"左侧的折叠按钮，如下左图所示。在打开的区域中即可对绘画工具的"混色""水分量""色延伸""保持不透明度"和"模糊笔压"进行设置，如下右图所示。

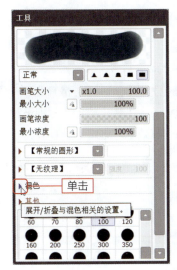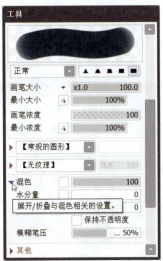

4.9.1　混色

　　"混色"可以混合当前图层上所包含的图像中的颜色，使后来添加的色彩和图像上原有的色彩进行混合。在SAI中，绘画工具的"混色"最小可以设置为0，最大可以设置为100。

　　"混色"的参数越大，绘画工具所添加的色彩和图像上原有色彩相互影响的程度越大。

　　在"工具"面板中选择"画笔"工具，设置前景色为白色、散焦为5、"画笔大小"为50、"最小大小"为0%、"画笔浓度"为100、"最小浓度"为0%，分别设置"混色"为0、25、50、75、100，使用"画笔"工具混合画布上的颜色，其效果对比如下图所示。

　　对于"混色"，还可以指定其在笔压越轻柔时，混色就越强。在"工具"面板中设置前景色为白色，设置"画笔"工具的"最小大小"为100%、"最小浓度"为100%，在"混色"区域勾选"混色"右侧的复选框，如下左图所示。使用"画笔"工具混合画布上的颜色，可以看到压感笔对数位板施加的压力越轻，前景色和图像上的颜色混合度就越高，如下右图所示。

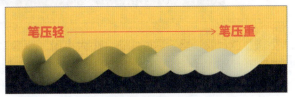

4.9.2　水分量

"水分量"可以模拟用水稀释颜料的效果。在SAI中，绘画工具的"水分量"最小可以设置为0，最大可以设置为100。"水分量"越高，前景色被稀释的程度越高。

在"工具"面板中选择"画笔"工具，设置前景色为# 3C0A18、散焦为5、"画笔大小"为50、"最小大小"为0%、"画笔浓度"为100、"最小浓度"为0%、"混色"为0，分别设置"水分量"为0、25、50、75、100，使用"画笔"工具在画布上绘制线条，其效果对比如下图所示。

对于"水分量"，还可以指定其在参数不为0时，笔压越轻柔、水分量就越多。在"工具"面板中设置"画笔"工具的"混色"为100、"水分量"为30，在"混色"区域勾选"水分量"右侧的复选框，如下左图所示。使用"画笔"工具在画布上由轻到重地绘制线条，可以看到当笔压越轻时，颜色的透明度就越高，被稀释的程度越强，如下右图所示。

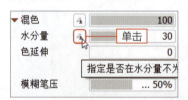 

4.9.3　色延伸

"色延伸"可以加强被混合颜色的延展程度。在SAI中，绘画工具的"色延伸"最小可以设置为0，最大可以设置为100。"色延伸"的参数越大，被混合颜色的向外延展程度越高。

在"工具"面板中选择"画笔"工具，设置前景色为白色、散焦为5、"画笔大小"为50、"最小大小"为0%、"画笔浓度"为100、"最小浓度"为0%、"混色"为100、"水分量"为0，分别设置"色延伸"为0、25、50、75、100，使用"画笔"工具在画布上绘制线条，其效果对比如下图所示。

4.9.4　保持不透明度

"保持不透明度"可以在从已上色区域涂抹到透明区域时，维持颜色的不透明度。在"工具"面板中设置"画笔"工具的前景色为白色、"画笔浓度"为80，设置"混色"为0、"水分量"为0、"色延伸"为

0❶，勾选"保持不透明度"复选框❷，在画布上进行绘制❸，效果如下左图所示。

取消对"保持不透明度"复选框的勾选❶，在画布上进行绘制❷，颜色的不透明度将被取消，效果如下右图所示。

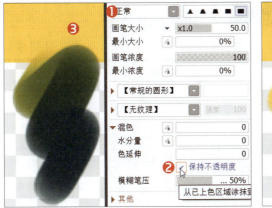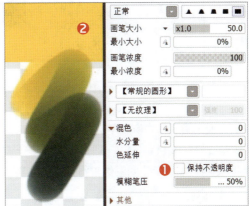

4.9.5 模糊笔压

"模糊笔压"可以对绘画工具的混色范围进行限定，最低可以设置为0%，最高可以设置为100%。

在"工具"面板中选择"画笔"工具，设置前景色为# FF0000、"画笔大小"为50、"最小大小"为100%、"画笔浓度"为100、"最小浓度"为100%、"混色"为0、"水分量"为0、"色延伸"为0，取消选择"保持不透明度"复选框，将"模糊笔压"分别设置为0%、25%、50%、75%、100%，在画布上绘制图像，其效果对比如下图所示。

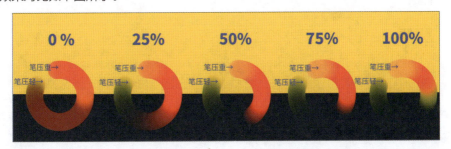

对绘画工具的"模糊笔压"进行设定后，在不超过模糊笔压数值的范畴时，使用绘画工具在画布上进行绘制，前景色对所绘制的图像不造成任何影响。

实战练习 自定义"勾线笔"工具

使用SAI绘制图像的时候，常常会需要根据不同需求为画笔设置不同参数，有时可以将一些常用的特定参数保存为自定义画笔工具，以便在需要的时候可以快捷调用。本次综合实训将以自定义"勾线"画笔为例，详细讲解自定义画笔工具的设置过程。

步骤 01 在"工具"面板的"普通图层工具"区域中的空白格上，单击压感笔下键（或鼠标右键）❶，在所弹出的菜单中单击"画笔"命令❷，如下左图所示。

步骤 02 在所添加的"画笔"工具上单击压感笔下键（或鼠标右键）❸，在所弹出的菜单中单击"属性"选项❹，如下中图所示。

步骤 03 在弹出的"自定义工具的属性"对话框中设置"工具名称"为"勾线笔"❺，单击OK按钮❻进行确定，如下右图所示。

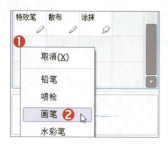  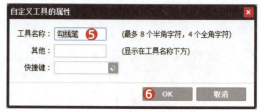

步骤 04 在"工具"面板的参数设置区域设置"勾线笔"的参数，设置"散焦"为1，"画笔大小"为16，"最小大小"为8%，"画笔浓度"为100，"最小浓度"为30%，"混色"为73，"水分量"为30，"色延伸"为29，"模糊笔压"为50%，如下左图所示。

步骤 05 "勾线笔"设置完毕，在需要对图像进行勾线的时候，在"自定义工具"区域中单击"勾线笔"即可使用。使用"勾线笔"对图像进行描线的效果如下右图所示。

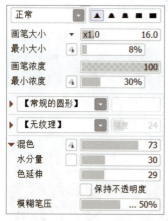 

知识延伸：笔压与手抖修正

笔压即画笔的压感，是绘画过程中压感笔对数位板施加的作用力。数位板能够感应压感笔作用在所设定的工作区域上的力度，以在画布上绘画线条为例，在"工具"面板中选择"铅笔"工具 ❶，设置"铅笔"工具的"画笔大小"为100、"最小大小"为0 ❷，在画布上轻重不一地绘制连贯的线条❸，可以看到，当压感笔对数位板施加的作用力越轻时，线条就越细，反之就会越粗，如右图所示。

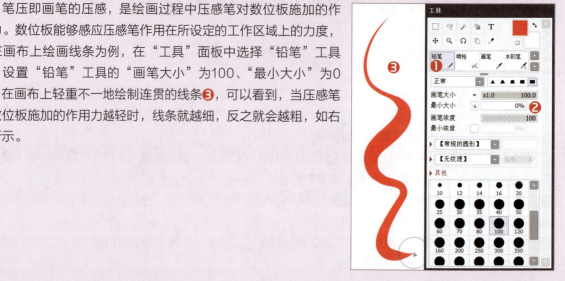

在SAI中，许多参数的设置都和笔压关联，如"最小大小""最小浓度"等。对笔压的设置，可以在数位板的驱动中进行压感调节设置，也可以在SAI中进行设置。在菜单栏中执行"帮助>设置"命令，在弹出的"设置"对话框中单击"数位板"选项卡，在打开的区域中可以设置使用数位板进行绘制时的最小笔压，如下图所示。

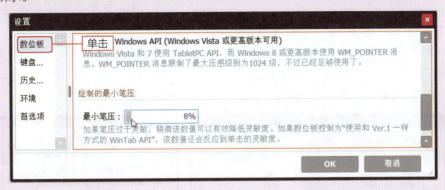

在"工具"面板参数设置区域中的"其他"区域，也可以对当前选择绘图工具的相应选项进行笔压的设置，如下左图所示。

笔压越"硬"，数位板感受压感笔力度的灵敏度就越低，在"最小大小"的设置为0%时，需要绘制符合"画笔大小"设置的最粗的线条所需要使用的力度就越大；笔压越"软"，数位板感受压感笔力度的灵敏度就越高，在"最小大小"设置为0%时，需要绘制符合"画笔大小"设置的最粗的线条所需要使用的力度就越小。

SAI的手抖修正功能可以有效地改善使用数位板进行绘图时，线条在画布上表现出的平滑度。SAI中的"手抖修正"级别多达23种，通常级别越小，所绘制的线条表现出的平滑度越低；级别越大，所绘制的线条表现的平滑度越高。

单击快捷栏中的"手抖修整"下拉按钮，即可方便快捷地对当前的"手抖修正"参数进行调整，如下右图所示。

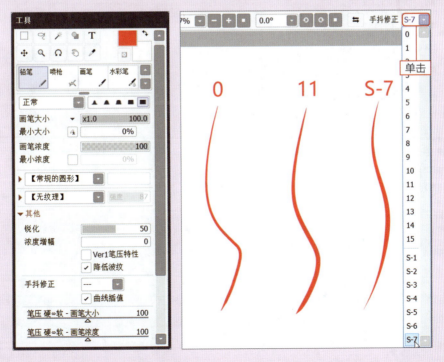

上机实训：绘制清新花卉插画

　　学习了关于普通图层工具设置的相关知识后，下面将通过绘制清新花卉插画，进一步巩固所学的知识，具体操作方法如下：

步骤 01 在菜单栏中执行"文件>新建"命令，或按下Ctrl+N组合键，在弹出的"新建画布"对话框中设置"宽度"为1000、"高度"为1000、"分辨率"为96❶，单击OK按钮❷创建新的文档，如下左图所示。

步骤 02 在"工具"面板的通用工具区域中单击"更改前景色"按钮，在弹出的"更改前景色"对话框中设置颜色为#65862E❶，单击OK按钮❷确认前景色的更改，如下右图所示。

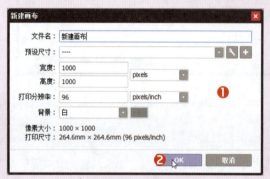
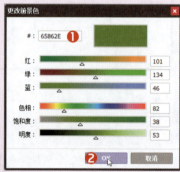

步骤 03 在"工具"面板中选择"画笔"工具❶，在参数设置区域设置"画笔"工具的散焦为5、"画笔大小"为16、"最小大小"35%、"画笔浓度"100、"最小浓度"100%，设置"混色"为0、"水分量"为40、"色延伸"为0、"模糊笔压"为0%❷，如下左图所示。

步骤 04 使用"画笔"工具，在画布上绘制花的枝干，注意加重枝杈连接的部分，如下右图所示。

步骤 05 在"工具"面板中设置"画笔"工具❶的"画笔大小"为20、"最小大小"为10%❷，使用"画笔"工具，在画布上进一步为花的枝干添加细小的枝权❸，如下图所示。

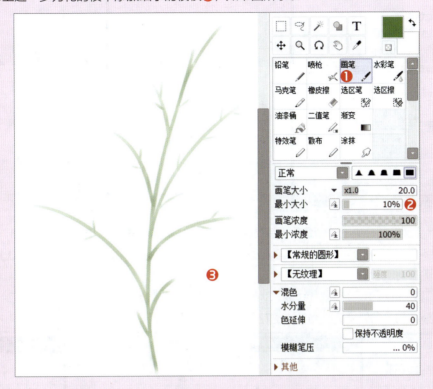

步骤 06 单击"图层"面板中的"创建一个新图层"按钮，在"图层1"的上方新建"图层2"，如下左图所示。

步骤 07 在"工具"面板中设置"画笔"工具的前景色为#A9CC28、"画笔大小"为60、"最小大小"为20%❶，在画布上练习绘制叶片❷，如下右图所示。

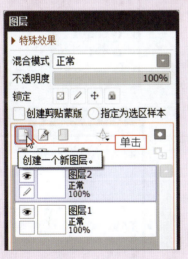
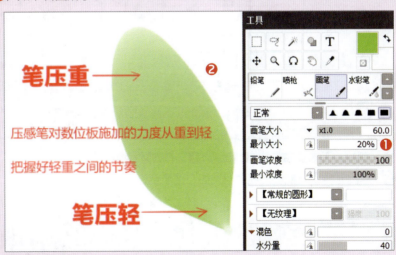

步骤 08 掌握叶片的绘制技巧后，在"图层"面板中单击"清除所选图层"按钮，清除当前图层上的图像，如下左图所示。

步骤 09 在"工具"面板中选择"画笔"工具❶，在画布上沿花卉的枝权绘制花卉的叶子，并适当对其中的几片反复描绘，达到加深色彩的效果❷，如下右图所示。

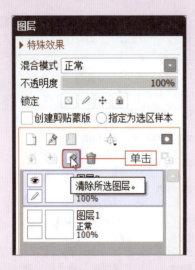

步骤10 单击"图层"面板中的"创建一个新图层"按钮，在"图层2"的上方新建"图层3"，在"工具"面板中设置前景色为#D10D14，设置"画笔大小"为80、"最小大小"为10%❶，在画布上重叠绘制花卉的花苞❷，如下左图所示。

步骤11 在"工具"面板中设置前景色为#F3A423、"混色"为30❶，交替使用#D10D14和#F3A423两种颜色，继续在枝杈的分岔处重叠绘制花卉的花苞❷，如下右图所示。

步骤12 单击"图层"面板中的"创建一个新图层"按钮，在"图层3"的上方新建"图层4"，在"工具"面板中设置前景色为#D10D14❶，在方才绘制的花苞旁边重叠绘制新的花苞❷，如右图所示。

步骤13 交替使用#D10D14和#F3A423两种颜色，继续在枝杈的分岔处重叠绘制花卉的花苞和掉落的花瓣，如下左图所示。

步骤14 在"工具"面板中设置"画笔"工具的"画笔大小"为200、"最小大小"为10%，设置前景色为#F3A423，在花卉周围的空白处单击，绘制圆形光晕，如下中图所示。

步骤15 在"工具"面板中设置"画笔"工具的前景色为#74952E，在"图层"面板中单击"创建一个新图层"按钮，在"图层4"的上方新建"图层5"，然后在画布上绘制圆形光晕，并更改画笔大小为74，在画布上绘制飘落的叶子，如下右图所示。

步骤16 在"工具"面板中选择"橡皮擦"工具❶，设置散焦为5、"画笔大小"为100、"最小大小"为0%、"画笔浓度"为100、"最小浓度"为100%❷，在相应的图层上擦除图像上多余的部分❸，如下左图所示。

步骤17 清新花卉插画绘制完成，最终完成效果如下右图所示。

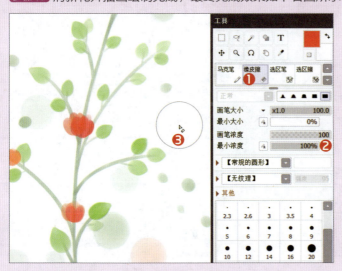 

📝 课后练习

1. 选择题（部分多选）

（1）以下哪些不属于绘画模式_____。

    A. 鲜艳模式 　　　　　　　　　　　B. 变亮模式

    C. 正常模式 　　　　　　　　　　　D. 正片叠底模式

（2）散焦指的是_____。

    A. 画笔轮廓的模糊程度 　　　　　　B. 画笔轮廓的不透明度

    C. 视图的焦距 　　　　　　　　　　D. 在"更改前景色"中设置颜色

（3）水分量越高，画笔颜色的_____。

    A. 被稀释程度越高 　　　　　　　　B. 被稀释程度越低

    C. 亮度越高 　　　　　　　　　　　D. 亮度越低

2. 填空题

（1）在SAI中，绘图工具的画笔形状通常默认为_____。

（2）"混色"可以混合当前图层上所包含的图像中的颜色，使_____。

（3）"倍率"可以用于调整_____。

3. 上机题

    练习绘制清新植物插画，步骤大致如下图所示。

操作提示

（1）尝试着自己搭配组合颜色。

（2）设置合适的手抖修正参数，使线条平滑。

（3）灵活变化所选择的绘画工具的参数。

Chapter 05 普通图层工具的应用

本章概述

在前面的章节里，读者已经对普通图层工具的参数设置有了充分的了解，本章将对普通图层工具的分类和具体应用进行详细讲解，帮助读者快速掌握普通图层工具的应用，为进一步使用普通图层工具绘制更复杂的作品做好准备。

核心知识点

❶ 了解普通图层工具的分类
❷ 掌握基本绘画工具的使用
❸ 了解特殊绘画工具的使用
❹ 掌握填充工具的使用

5.1 基本绘画工具

在SAI2中，普通图层工具大致可以被分为基本绘画工具、特殊绘画工具、填充工具、选区工具四类。

其中，基本绘画工具包括"铅笔"工具、"喷枪"工具、"画笔"工具、"水彩笔"工具、"马克笔"工具和"橡皮擦"工具；特殊绘画工具包括"特效笔"工具、"散布"工具、"涂抹"工具和"二值笔"工具；填充工具包括"油漆桶"工具和"渐变"工具；选区工具包括"选区笔"工具和"选区擦"工具，如下图所示。

本节将对SAI的基本绘画工具进行详细的讲解。

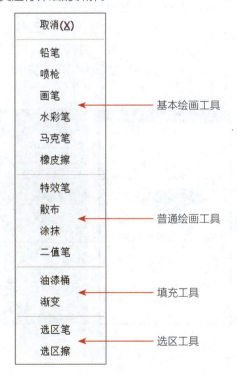

5.1.1 铅笔

在SAI中，"铅笔"工具是最为基础的绘画工具之一。对于"铅笔"工具，用户可以进行绘画模式、散焦、大小、浓度、形状和纹理等设置，在"工具"面板中选择"铅笔"工具，即可打开"铅笔"工具的参数设置区域，如下左图所示。

　　使用"铅笔"工具，可以在画布上绘制草稿。在"工具"面板中选择"铅笔"工具，设置前景色为黑色、散焦为5、"画笔大小"为5、"最小大小"为0%、"画笔浓度"为65、"最小浓度"为100%，在画布上绘制草稿，如下右图所示。

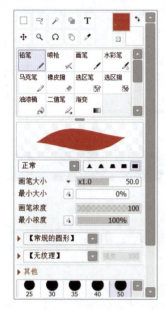 

　　使用"铅笔"工具，可以为图像填充色彩。设置前景色为#1B7484、散焦为5、"画笔大小"为500、"最小大小"为0%、"画笔浓度"为100、"最小浓度"为100%，在画布上填充色彩，如下左图所示。

　　使用"铅笔"工具，可以绘制硬边线条。在"工具"面板中设置前景色为#ACCCCB、散焦为5，设置"画笔大小"为3、"最小大小"为50%、"画笔浓度"为100、"最小浓度"为100%，在画布上绘制线条，如下右图所示。

 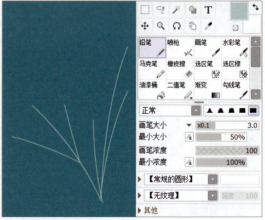

5.1.2　喷枪

　　对于"喷枪"工具，用户可以进行绘画模式、散焦、大小、浓度、形状和纹理等设置。"喷枪"工具犹如一把蘸满粉末的小刷子，使用"喷枪"工具，用户可以在画布上绘制晕染的颜色。

　　在"工具"面板中选择"喷枪"工具，设置前景色为黑色、散焦为5、"画笔大小"为300、"最小大小"为50%、画笔为10、"最小浓度"为0%，在画布上进行涂抹，如下左图所示。

在"工具"面板中选择"喷枪"工具，设置前景色为#35CAB2、"画笔浓度"为30，在画布上进行涂抹，如下右图所示。

5.1.3 画笔

对于"画笔"工具，用户可以进行绘画模式、散焦、大小、浓度、形状、纹理和混色等设置。"画笔"工具是所有基本绘画工具中通用性最强的工具，通过对"画笔"工具的特殊设置，可以使其呈现出其它工具所具备的功能。

在"图层"面板中单击"创建一个新图层"按钮，在"图层1"图层上方创建一个新图层，如下左图所示。

在"工具"面板中选择"画笔"工具，设置前景色为#E6F1EB、散焦为5，设置"画笔大小"为3、"最小大小"为50%、"画笔浓度"为100、"最小浓度"为100%、"混色"为0、"水分量"为0、"色延伸"为0，在画布上绘制线条，可以看到"画笔"工具呈现出了"铅笔"工具的特征，如下右图所示。

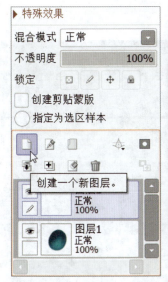

在"图层"面板中选中"图层1"，在"工具"面板中设置前景色为# 0C4E40、散焦为5，设置"画笔大小"为30、"最小大小"为0%，其它参数均保持不变，使用"画笔"工具在画布上绘制线条，可以

看到，在独立的图层上显示为硬边线条的"画笔"工具，在原有像素基础上进行绘画涂抹的时候，明显和"图层1"上原有像素的颜色发生了混合，如下左图所示。

对"画笔"工具进行"混色"的调整，还可以使图像上的色彩更均匀自然。在"工具"面板中设置散焦为3、"画笔浓度"为40、"混色"为50、"水分量"为50、"色延伸"为100，在刚才绘制的线条上进行涂抹，可以看到色彩变得均匀了很多，能更好地与"图层1"上原有的颜色进行融合，如下右图所示。

5.1.4 水彩笔

对于"水彩笔"工具，用户可以进行绘画模式、散焦、大小、浓度、形状、纹理和混色等设置。

"水彩笔"工具就像是"画笔"工具的进阶，在"图层"面板中单击"创建一个新图层"按钮，在"图层1"上方创建一个新图层，如下左图所示。

在"工具"面板中选择"水彩笔"工具，设置前景色为#E6F1EB、散焦为5，设置"画笔大小"为35、"最小大小"为50%、"画笔浓度"为100、"最小浓度"为100%、"混色"为0、"水分量"为0、"色延伸"为0，然后在画布上绘制线条，可以看到"水彩笔"工具呈现出了"铅笔"工具的特征，如下右图所示。

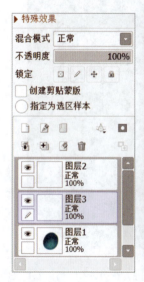 

在"图层"面板中选中"图层1"，使用"水彩笔"工具在画布上绘制线条，可以看到，在独立的图层

上显示为硬边线条的"水彩笔"工具，在原有像素基础上进行绘画涂抹的时候，笔触边缘明显变得虚化，如下左图所示。

　　对"水彩笔"工具进行"混色"的调整，还可以使图像上的色彩更均匀自然。在"工具"面板中设置散焦为1、"画笔大小"为100、"混色"为100、"水分量"为100、"色延伸"为0，在画布上进行涂抹，可以均匀混合"图层1"上图像的色彩，使色彩的过渡变得柔和，如下右图所示。

　　"水彩笔"工具还可以用于对图像进行修改。当图像上出现瑕疵时，如下左图所示。此时如果构成图像的所有像素都位于同一图层上，设置"水彩笔"工具的"混色"为100、"水分量"为100，在需要修改的位置进行涂抹，即可对瑕疵进行修补，如下右图所示。

5.1.5　马克笔

　　对于"马克笔"工具，用户可以进行绘画模式、散焦、大小、浓度、形状、纹理和混色等设置，但无法为"马克笔"工具设置"水分量""保持不透明度"和"模糊笔压"。

　　在"工具"面板中选择"马克笔"工具，设置前景色为# F7FAFB、散焦为5，设置"画笔大小"为1、"最小大小"为50%、"画笔浓度"为100、"最小浓度"为100%、"混色"为0、"色延伸"为0，在画布上绘制线条，可以看到"水彩笔"工具呈现出了近似"铅笔"工具的特征，如下左图所示。

　　对"马克笔"工具设置"混色"和"色延伸"选项，还可以使画笔上的颜色和图层上原本的像素更好的融合。在"图层"面板中选择"图层1"，在"工具"面板中设置"画笔大小"为30、"最小大小"为0%，设置"混色"为50、"色延伸"为50，在画布上绘制气泡，可以看到气泡的色彩和"图层1"上原有的色彩进行了较好的融合，如下右图所示。

5.1.6 橡皮擦

对于"橡皮擦"工具，用户可以进行散焦、大小、浓度、形状和纹理等设置，但无法为"橡皮擦"工具设置其绘画模式。

在"工具"面板中选择"橡皮擦"工具，或单击压感笔上键，即可将当前使用的绘画工具切换为"橡皮擦"工具。使用"橡皮擦"工具可以方便地对所绘制的图像进行擦除，如下左图所示。

在使用其它工具时，在"工具"面板中单击"切换前景色和透明色"按钮，将前景色切换为透明色，也可以对图像进行擦除。与"橡皮擦"工具不同的是，使用透明色对图像进行修改时，所选择的画笔将会保持原有的参数设置对图像施色。

在"工具"面板中选择"画笔"工具，单击"切换前景色和透明色"按钮，设置"水分量"为50，在画布上进行绘制，效果如下右图所示。

5.2 选区工具

在SAI为用户提供的普通图层工具中，"选区笔"工具和"选区擦"工具都属于选区工具。用户可以像使用基本绘画工具一样地设置和使用这两种选区工具，本节将详细介绍"选区笔"工具和"选区擦"工具的应用方法。

5.2.1　选区笔

对于"选区笔"工具，用户可以进行散焦、大小、浓度、形状和纹理等设置，但无法为"选区笔"工具设置其绘画模式。

使用"选区笔"工具可以像使用基本绘画工具一样地在画布上自由绘制选区，和SAI提供的其它选区工具相比，"选区笔"工具可以让选区的范围更加精确。

在"工具"面板中选择"选区笔"工具，设置散焦为5、"画笔大小"为50、"最小大小"为0%、"画笔浓度"为100，在画布上绘制选区，如下图所示。

5.2.2　选区擦

当需要对选区的范围进行缩小时，使用"选区擦"工具，可以较为精确地修改选区的范围。

在"工具"面板中选择"选区擦"工具，设置散焦为5、"画笔大小"为1、"最小大小"为0%、"画笔浓度"为100，在画布上对选区的范围进行修改，如下图所示。

5.3　填充工具

对图层或选区进行填充，除了在菜单栏中执行"图层>填充"命令之外，还可以在"工具"面板中的普通图层工具中选择"油漆桶"工具或"渐变"工具。本节将详细介绍SAI的两种填充工具的使用方法。

5.3.1　油漆桶

"油漆桶"工具可以对选区、图层或图层上所包含的像素进行单色填充。在画布上建立选区后，如下左图所示。在"工具"面板中设置前景色为# E6F1EB，选择"油漆桶"工具，在选区内进行单击，选区即被所设置的前景色填充，如下右图所示。

5.3.2 渐变

　　"渐变"工具可以对选区或图层进行渐变填充，使用"渐变"工具填充颜色，所填充的色彩将是以前景色和背景色为端点的渐变。

　　对于"渐变"工具，用户可以进行"形状""色"等参数设置。其中"形状"中的"直线"指以线性的方式进行渐变，如下左图所示。而"円"意为以径向的方式进行渐变，如下右图所示。

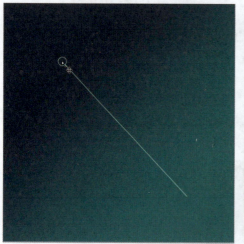 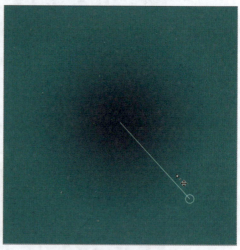

　　使用"渐变"工具创造渐变，所创造的渐变将以压感笔或鼠标拖曳的方向和位置进行渐变。在"工具"面板中选择"渐变"工具，选择"前景色到透明色"单选按钮，渐变将会以前景色和透明色为端点进行渐变，如下左图所示。拖曳线段两端的控制柄，即可对渐变的方向和位置进行移动，如下右图所示。

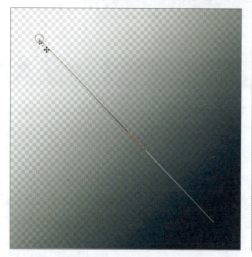 

在"工具"面板中勾选"翻转"复选框，当前创造的渐变方向将进行翻转，如下左图所示。

在"工具"面板中勾选"S字曲线变化颜色"复选框，渐变的颜色将以较为平滑的方式进行过渡，如下右图所示。

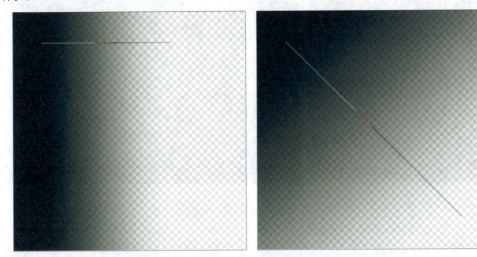

渐变完成后，在"工具"面板中单击"确定"按钮或按Enter键即可确认渐变的结果。在"工具"面板中单击"中止"按钮，即可取消当前设置的渐变。

实战练习 使用渐变工具为图像填色

"渐变"工具有广泛的用途，使用"渐变"工具可以令图像的色彩层次更加丰富。下面将以使用"渐变"工具为图像填色为例，详细介绍"渐变"工具的使用方法。

步骤01 在菜单栏中执行"文件>打开"命令，或使用Ctrl+O快捷键，从文件夹中选择"渐变.png"图像文件打开，如下左图所示。

步骤02 在"工具"面板中选择魔棒工具，设置"选区取样模式"为"色差范围内的区域"、其"色差范围"为±36、"取样来源"为"当前图层"，勾选"消除锯齿"复选框，如下右图所示。

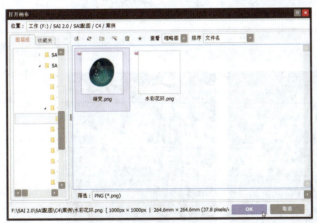

步骤03 使用魔棒工具，在画布上单击，建立一个选区，如下左图所示。

步骤04 在"工具"面板中设置前景色为#1F8284，选择"渐变"工具，设置"形状"为"直线"，选择"前景色到透明色"单选按钮，并勾选"S字曲线变化颜色"复选框，在画布上从右至左地创建渐变，如下右图所示。

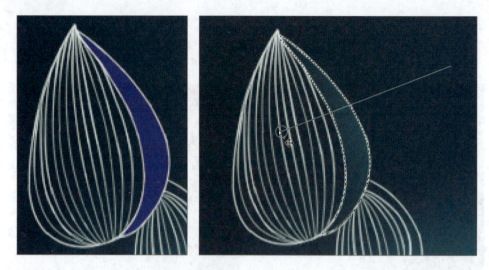

步骤 05 按Enter键确认渐变结果，按下Ctrl+D组合键取消当前选区。在"工具"面板中选择"选区笔"工具，在画布上建立新的选区，如下左图所示。

步骤 06 在"工具"面板中选择"渐变"工具，在画布上从左上至右下地创建渐变，如下右图所示。

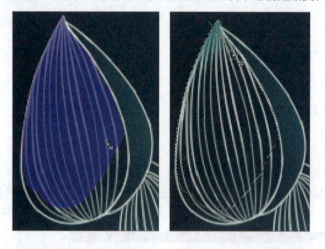

步骤 07 重复步骤05，创建新的选区，如下左图所示。

步骤 08 在"工具"面板中选择"渐变"工具，在画布上从右下至左上地创建渐变，如下右图所示。

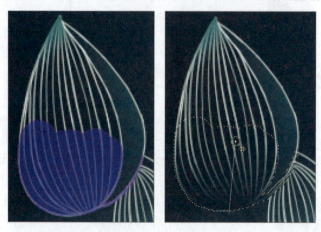

步骤 09 重复步骤03-08，为另一个花苞填充渐变。使用渐变工具为图像填色完毕，其效果如下图所示。

5.4 特殊绘画工具

SAI为用户提供了一些用于制造特殊效果的绘画工具，如"特效笔"工具、"涂抹"工具等。使用这些特殊绘画工具，可以为图像制造特殊的效果。本节将对SAI的特殊绘画工具进行介绍。

5.4.1 特效笔

"特效笔"工具拥有多达26种绘画模式，对于"特效笔"工具，用户可以进行绘画模式、散焦、大小、浓度、形状和纹理等设置。

"特效笔"工具主要用于为图像增加特殊效果。可在"工具"面板中选择"特效笔"工具，设置前景色为#104C50、绘画模式为"滤色"、散焦为1、"画笔大小"为100、"最小大小"为0%、"画笔浓度"为20、"最小浓度"为100%，如下左图所示。使用"特效笔"工具在画布上进行绘制，提亮花苞的颜色，效果如下右图所示。

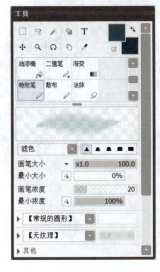

5.4.2 散布

"散布"工具同样拥有多达26种绘画模式。"散布"工具可以用于绘制星星或散落的圆点，对于"散布"工具，用户可以进行绘画模式、硬度、大小、浓度、形状和纹理等设置。

在"工具"面板中选择"散布"工具，单击【常规的圆形】右侧的下拉按钮，选择"星"选项，如下左图所示。单击【常规的圆形】左侧的折叠按钮，在打开的区域中设置"角度"为0、"角度抖动"为12%、"倍率"为50%、"大小抖动"为50%、"间距"为50%、"散布"为100%，如下右图所示。

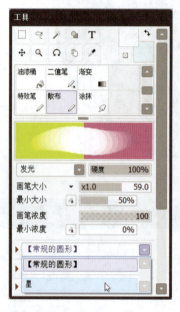 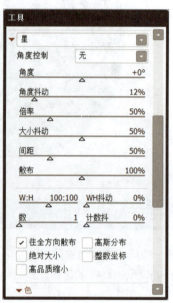

单击"色"折叠按钮，在打开的区域中设置"色相抖动"为20%、"饱和度抖动"为50%，勾选"应用到每一个形状"复选框，如下左图所示。

在"工具"面板中设置前景色为# EBFEFF，设置"散布"工具的绘画模式为"叠加""画笔大小"为100、"最小大小"为50、"画笔浓度"为100、"最小浓度"为0%，并在画布上进行涂抹，效果如下右图所示。

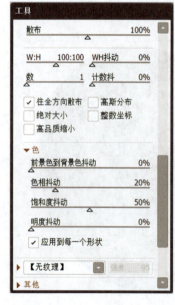 

5.4.3　涂抹

　　"涂抹"工具可以为图像创造类似使用手指涂抹颜料的效果。对于"涂抹"工具，用户可以进行散焦、大小、浓度、形状、纹理和着色等设置。

　　在"工具"面板中选择"涂抹"工具，设置散焦为5、"画笔大小"为300、"最小大小"为0%、"画笔浓度"为100、"最小浓度"为0%，并在画布上进行涂抹绘制，绘制前当前图层上的图像如下左图所示。绘制后当前图层上的图像如下右图所示。

5.4.4　二值笔

　　"二值笔"工具可以用于绘制带有锋利锯齿的图像。在SAI中，除了"二值笔"工具之外，使用所有的绘画工具进行图像绘制，所绘制的图像都会被默认消除了锯齿。

　　对"二值笔"工具，用户可以进行"画笔大小""最小大小""不透明度""绘图方式"和"吸管方式"等设置，如下左图所示。使用"二值笔"工具在画布上绘制线条，效果如下右图所示。

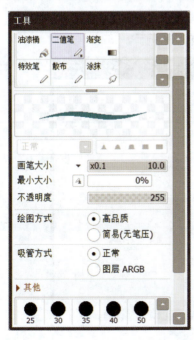

知识延伸：厚涂与平涂

　　厚涂原本是一种油画技法，通过使用刷子或画笔在画布上创造特殊纹理来增强画面的质感。在CG绘画中，厚涂通常是指用体积感的色块、而减少平滑的晕染的作画风格，如下左图所示；而平涂通常指较少色块、施色较为均匀的作画风格，如下右图所示。

上机实训：绘制像素风格的猫头鹰

　　像素指构成图像的小方格，像素风的图像即由多个色彩单一的像素所构成的图像。像素风的图像具有一种特殊的复古感和高级感，在SAI中，使用"二值笔"工具即可方便地绘制像素风的图像，下面将以绘制像素风格的猫头鹰为例对此功能进行详细的讲解。

步骤01 在菜单栏中执行"文件>新建"命令，在打开的"新建画布"对话框中设置"高度"为512、"宽度"为512、"打印分辨率"为96❶，单击OK按钮❷创建文件，如下图所示。

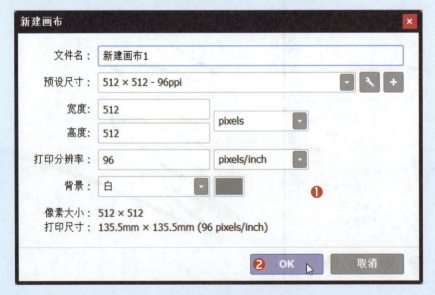

步骤02 在菜单栏中执行"尺子>同心圆"命令，按住Shift键，通过拖曳四角的控制柄将"同心圆"尺子缩小，并将光标移动到"同心圆"尺子内，长按压感笔笔尖（或鼠标左键）将尺子拖曳到合适位置，如下左图所示。

步骤03 在"工具"面板中设置前景色为黑色，选择"二值笔"工具，设置"画笔大小"为1、"最小大小"为100%、"不透明度"为255，在画布上绘制一个圆形，如下右图所示。

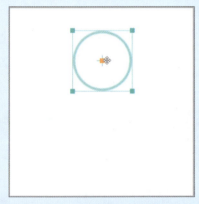 

步骤04 在"图层"面板中单击"创建一个新图层"按钮，在"图层1"图层上方新建"图层2"图层，在画布上圆形的内部依次绘制三个嵌套在一起的圆形，如下左图所示。

步骤05 按下Ctrl+R组合键，取消对尺子的显示。在"工具"面板中选择移动工具，将方才所绘制的图像移动到合适的位置，如下右图所示。

步骤06 在菜单栏中执行"图层>复制图层"命令，复制"图层2"图层。在"工具"面板中选择移动工具，将"图层2（2）"图层上的图像移动到合适位置，如下图所示。

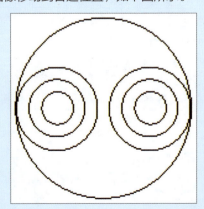

步骤07 在"图层"面板中单击"合并所选图层"按钮，合并"图层2（2）"图层和"图层2"图层❶。单击"显示透视尺的新建菜单"按钮，在展开的列表中单击"新建对称尺"选项❷，选择"图层2"图层❸，单击"创建一个新图层"按钮❹，在"图层2"图层上方新建"图层3"图层❺，如下左图所示。

步骤08 按住Ctrl键，将对称尺拖移到合适的位置，如下右图所示。

 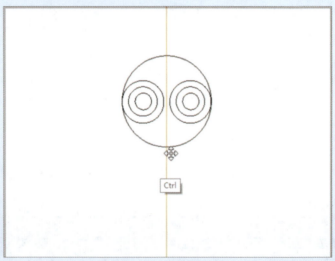

步骤09 在"工具"面板中设置"画笔大小"为5，然后绘制猫头鹰的眉毛和嘴巴，如下左图所示。

步骤10 单击"对称尺1"左侧的按钮，取消对称尺的可见性。在"工具"面板中设置"画笔大小"为1，在快捷栏中单击"切换直线绘图模式"按钮，切换直线绘图模式，然后按住Shift键，在猫头鹰头部两侧绘制直线，如下右图所示。

步骤11 在"图层"面板中单击"创建一个新图层"按钮，在"图层3"的上方新建"图层4"，在快捷栏中单击"切换直线绘图模式"按钮，取消直线绘图模式。在菜单栏中执行"尺子>椭圆"命令，按Shift键缩放到合适大小，并拖移到合适的位置，再使用"二值笔"工具在画布上绘制半圆，将直线两端连在一起，如右图所示。

步骤12 按下Ctrl+R组合键取消对尺子的显示，在快捷栏中单击"切换直线绘图模式"按钮，切换直线绘图模式，按住Shift键在画布上绘制直线，如右图所示。

步骤13 按下Ctrl+R组合键显示"椭圆"尺子，按Shift键将尺子拖移到合适的位置，绘制半圆形的翅膀，如下左图所示。

步骤14 按下Ctrl+R组合键取消对尺子的显示，在"工具"面板中单击"切换前景色和透明色"按钮，使用"二值笔"工具，擦除图像中多余的部分，如下右图所示。

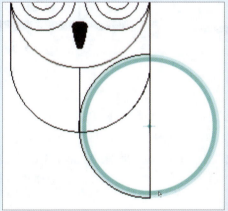

步骤15 在"图层"面板中单击"创建一个新图层"按钮，在"图层4"上新建"图层5"，单击"对称尺1"左侧的按钮，在画布上绘制一个心形，如下左图所示。

步骤16 在"图层"面板中单击"对称尺1"左侧的按钮，取消对称尺的可见性，并多次在菜单栏中执行"图层>复制图层"命令，复制多个"图层5"图层，在"工具"面板中选择移动工具，将心形移动到合适的位置，如下右图所示。

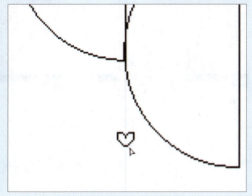

步骤17 在"图层"面板中单击"创建一个新图层"按钮，新建"图层6"，在"工具"面板中选择选框工具，然后在画布上绘制出矩形选区，并使用不同的颜色进行填充，如下左图所示。

步骤18 在"图层"面板中选中除"图层6"之外的所有图层，单击"合并所选图层"按钮，合并所选图层。在菜单栏中执行"图层>复制图层"命令，复制所合并的图层。在"工具"面板中选择"油漆桶"工具，设置"选区取样模式"为"被线条包围的透明区域"，设置前景色为#492C4B，在画布上进行单击，填充猫头鹰瞳孔和羽毛的颜色，如下右图所示。

步骤19 在"工具"面板中设置前景色为# EE8E20，在猫头鹰的翅膀和面部单击填色，如下左图所示。

步骤20 在"工具"面板中设置前景色为# B64630，在猫头鹰的身体和面部单击填色，如下中图所示。

步骤21 在"工具"面板中设置前景色为# 843723，在猫头鹰的身体和面部单击填色，如下右图所示。

步骤22 在"图层"面板中选择"图层6"图层，分别使用#492C4B、# B64630、# 843723三种颜色，使用"油漆桶"工具，在画布上为猫头鹰站立的树枝进行填色，如下左图所示。

步骤23 在"图层"面板中选择被复制的"图层5"图层，将"图层5"拖曳到"图层5（1）"的上方，如下右图所示。

步骤 24 像素风格的猫头鹰绘制完成，最终效果如下图所示。

课后练习

1. 选择题（部分多选）

（1）以下哪些绘画工具可以对混色进行设置_____。

    A. 铅笔　　　　　　　　　　　　　B. 喷枪

    C. 画笔　　　　　　　　　　　　　D. 橡皮擦

（2）普通图层工具中的选区工具是_____。

    A. 选框工具　　　　　　　　　　　B. 选区笔

    C. 魔棒工具　　　　　　　　　　　D. 选区擦

（3）以下哪些工具可以用于绘制有锯齿的线条_____。

    A. 特效笔　　　　　　　　　　　　B. 二值笔

    C. 铅笔　　　　　　　　　　　　　D. 马克笔

2. 填空题

（1）"橡皮擦"工具主要用于_____。

（2）"涂抹"工具可以在图像上制造出_____的效果。

（3）"渐变"工具可以_____。

3. 上机题

    绘制像素风无缝猫头背景，单个猫头绘制如下左图所示，完成图如下右图所示。

操作提示

（1）使用图层组为图层归类。

（2）多次复制图层并排列整齐。

（3）使用自由变换将图案倾斜。

Chapter 06 图层的基本功能

本章概述

图层是图像的载体，图层的数量决定了文件的复杂程度，在使用SAI进行图像绘制的时候，善用图层的功能可以使绘画效果达到最佳，并且让绘画过程变得更加方便。本章将对SAI的图层进行详细讲解。

核心知识点

❶ 了解图层的概念
❷ 了解图层的基础操作
❸ 掌握图层的蒙版
❹ 熟悉图层的转写与合并

6.1 认识图层

在了解图层的基本功能之前，首先需要了解图层的概念，熟悉图层的操作面板。本节将为读者详细介绍图层的概念，并对图层的操作面板进行基础讲解。

6.1.1 图层的概念

"图层"的本质就是透明画纸，通过多层透明画纸上的图像叠加来达成展示完整图像的目的。使用SAI进行图像绘制的时候，往往需要建立多个图层以达到最佳效果，同时最大程度保留图像的可修改性。

在菜单栏中执行"图像❶>画布背景❷>透明（明亮格子）❸"命令，如下左图所示。可以看到无论建立多少可视图层，在未曾为画布添加内容的时候，图像都始终保持透明，如下右图所示。如将该文件保存为PNG文件，最终所得到的图像文件也将是不包含任何像素的透明图层。

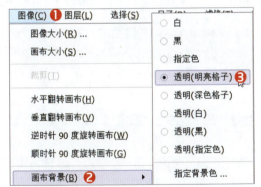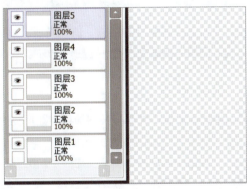

6.1.2 图层操作面板

在菜单栏中执行"窗口❶>显示操作面板❷>显示图层操作面板❸"命令，即可打开"图层"面板，如下左图所示。

"图层"面板大致分为四个区域，分别为"特殊效果"折叠选项、"混合模式"、"不透明度"快捷功能按钮和图层列表，如下右图所示。

其中图层列表主要用于指定所需操作的图层，并确认图层的编辑状态与排列顺序。

快捷功能按钮主要包含与图层相关的快捷按钮，如对图层进行锁定、创建剪贴蒙版，以及向下合并图层等。

"特殊效果"又包含"质感"和"效果"两部分，主要用于为单个图层所包含的图像叠加特殊的画材效果，而"混合模式"和"不透明度"主要用来改变图层的色彩及图像叠加效果。

6.2　图层的基础操作

在使用SAI进行图像绘制之前，首先需要了解图层的基础操作，如新建图层、复制图层、删除图层等，本节将对图层的基础操作进行详细介绍。

6.2.1　新建图层

在SAI中新建图像文件或打开图像后，图层列表中会出现被命名为"图层1"的原始图层，如下左图所示。

在快捷功能按钮区域中单击"创建一个新图层"□按钮，即可快速新建一个图层，如下中图所示。或在菜单栏中执行"图层❶>新建彩色图层❷"命令，也可以实现图层的新建操作，如下右图所示。

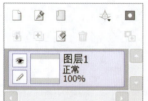
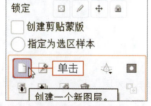

> **提示：图层的移动**
>
> 需要对图层进行移动时，只需按住Ctrl键，长按压感笔或鼠标左键进行拖曳即可。或按住Ctrl键，同时按下或长按键盘上的方向键，也可以对图像进行移动。
>
> 移动矢量图层时，需要先按下Ctrl+T组合键，让图层进入自由变换模式，才能够长按压感笔在画布上进行拖曳移动。

6.2.2 新建图层组

图层组主要用于对图层进行整理和归类，在快捷功能按钮区域中单击"创建一个新图层组"按钮■，即可快速新建一个图层组，如下左图所示。或在菜单栏中执行"图层❶>新建图层组❷"命令，也可以实现对图层组的新建，如下中图所示。

建立图层组后，选择所需拖入组中的图层，长按压感笔笔尖（或鼠标左键）将图层拖曳到目标图层组上释放光标即可，如下右图所示。

6.2.3 图层顺序

在SAI中，多个透明图层上绘制的图像相互叠加的效果构成了最终的完整图像。有时根据不同的绘画需求，我们需要对图层或图层组进行顺序上的修改，以达到最佳的绘画效果。

按住Ctrl键，在图层列表中同时选中"瞳孔""睫毛"和"眉毛"三个图层，长按压感笔笔尖（或鼠标左键），将其拖曳至"线稿"图层组中，如下左图所示。

选中"线稿"图层组，长按压感笔笔尖（或鼠标左键），将其拖曳至"上色"图层组的上方，如下右图所示。

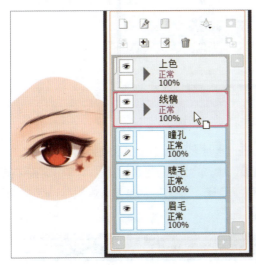 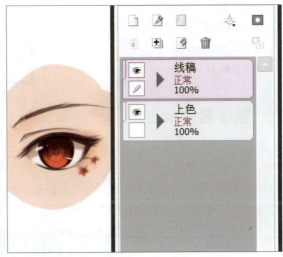

6.2.4 链接图层

在SAI中，链接图层功能可以用于同时处理多个图层中的图像，如移动和自由变换。链接图层功能适用于一些不适合进行合并或分组、但需要多次进行同时操作处理的图层，可以应用于普通图层，也可以应用于图层组。

选中"星星"图层，单击"线稿"图层组左侧下方的空白按钮，"线稿"图层组的左侧下方将会出现链接图标■，将"线稿"图层组与"星星"图层链接到一起，如下左图所示。

选中"线稿"图层组，将会发现"星星"图层的左侧下方也出现了链接图标■，此时移动"线稿"图层组，会发现"星星"图层包含的图像内容也随之进行了移动，如下右图所示。

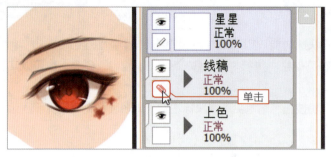 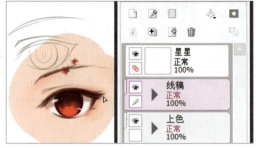

6.2.5 复制图层

在菜单栏中执行"图层❶>复制图层❷"命令，如下左图所示，即可对所选中的图层进行复制，如下左图所示。被复制的图层将会出现在被选中图层的上方，如下右图所示。

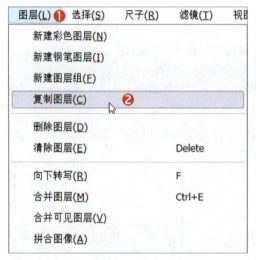 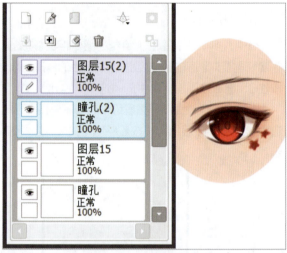

6.2.6 重命名图层

对图层进行重命名的操作，可以通过两种方式执行。在"图层"面板中选中所需重命名的图层，在菜单栏中执行"图层>图层属性"命令，或在"图层操作面板"中选中所需重命名的图层，单击鼠标右键或压感笔下键，在所弹出的菜单中选择"属性"命令，如下左图所示，在打开的"图层属性"对话框中设置"图层名称"后，单击OK按钮进行确定，如下右图所示。

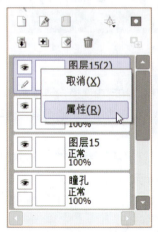 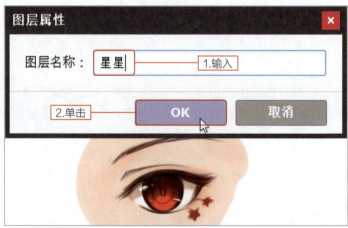

6.2.7　显示与隐藏图层

在SAI中，如果需要隐藏某一图层，无需选中相应图层，只需要在"图层"面板的图层列表中，单击相应图层左侧的眼睛图标 👁 即可，如下左图所示。

被隐藏的图层中眼睛按钮将会消失，所包含的图像也将在画布上不可见，如需再次显示该图层，需再次单击相应图层左侧眼睛图标对应的位置即可，如下右图所示。

6.2.8　清除与删除图层

在SAI中，用户可以使用"清除图层"或"删除图层"功能清理不需要的图像内容。"清除图层"可以清除掉所选图层中所包含的图像内容，并保留选中的图层，而"删除图层"会直接删除选中的图层。

在菜单栏中单击"图层"菜单标签，打开对应的菜单列表，即可看到"清除图层"和"删除图层"选项，如下左图所示。在"图层操作面板"的快捷功能按钮列表中，单击"清除所选图层"和"删除所选图层"按钮，也可以对图层进行相应操作，如下右图所示。

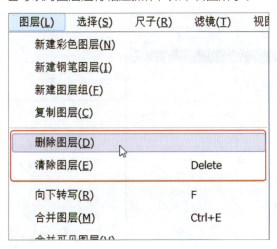 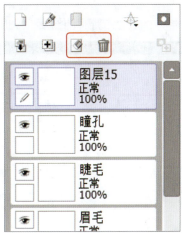

单击"图层操作面板"中的"清除所选图层"按钮，或按下Delete快捷键，即可对所选图层的内容进行清除，前后对比如下左图、下中图所示。

单击"图层操作面板"中的"删除所选图层"按钮，即可对所选图层进行删除，如下右图所示。

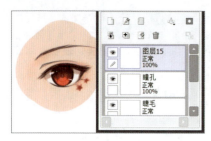 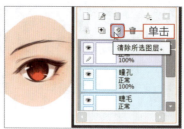 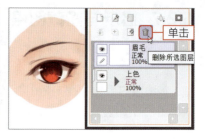

6.2.9 图层的不透明度

图层的"不透明度"参数通常用于调整图像的叠加效果，或用来描摹图像。

在"图层"面板中选中"原图"图层❶，将不透明度设置为20%❷，如下左图所示。此时选中"临摹"图层，即可使用画笔工具描绘图像的轮廓，如下右图所示。

 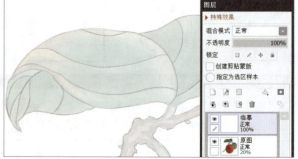

实战练习 对石柱草稿进行描摹

在使用SAI进行绘画的时候，常常会需要对所绘制的草稿进行进一步的描摹，以达到精确线条的目的。下面将以石柱草稿描摹为例进行详细的讲解。

步骤 01 在菜单栏中执行"文件>打开"命令，或按下Ctrl+O快捷键，在弹出的"打开画布"对话框中，选择"石柱.jpg"图像文件❶，单击OK按钮❷，如下左图所示。

步骤 02 在"图层"面板中设置"图层1"图层的"不透明度"为15%❶，单击"创建一个新图层"按钮❷，在"图层1"图层上方新建"图层2"图层❸，如下右图所示。

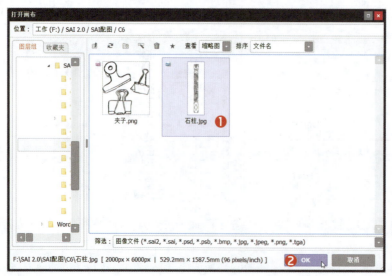 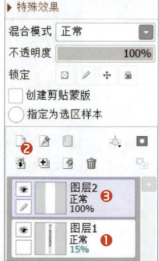

步骤 03 在"工具"面板中设置前景色为黑色❶，选择"画笔"工具❷，设置散焦为5、"画笔大小"为25、"最小大小"为10%、"画笔浓度"为90、"最小浓度"为80%、"水分量"为5❸，如下左图所示。

步骤 04 滚动鼠标滚轮，将视图缩放到合适的大小，使用画笔描摹图像的线条，如下右图所示。

步骤 05 对石柱线条进行描摹，如下左图所示。

步骤 06 在"图层"面板中单击"图层1"图层左侧的眼睛按钮❶，取消"图层1"图层的可见性，选择"图层2"图层❷，在菜单栏中执行"图层>复制图层"命令，复制"图层2"图层❸，如下中图所示。

步骤 07 重复步骤06两次，在"图层"面板中选中"图层2""图层2（2）""图层2（3）""图层2（4）"四个图层❶，单击"合并所选图层"按钮❷，对所选图层进行合并，如下右图所示。

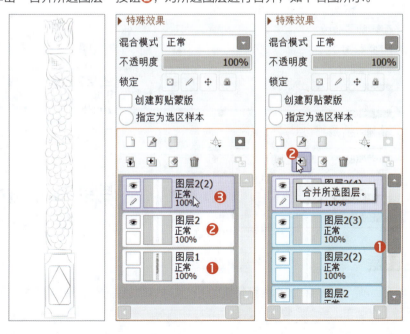

步骤08 在"工具"面板中选择"橡皮擦"工具，对多余的线条进行擦除，并使用"画笔"工具，对线条进行加强和修正，如下左图所示。

步骤09 石柱草稿描摹完成，最终效果如下右图所示。

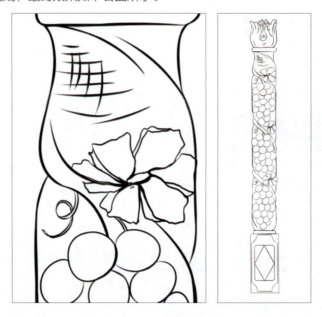

6.3 转写与合并图层

在使用SAI进行绘画时，往往需要对图像进行有效的合并。在SAI中，合并图像的方式大致分为转写图层和合并图层，其中合并图层功能又分为"合并图层""合并可见图层"和"拼合图像"。

在菜单栏中单击"图层"菜单标签，打开对应的菜单列表，即可看到转写与合并图层的相关选项，如下左图所示。在"图层"面板的快捷功能按钮列表中，也有转写与合并图层的相关按钮，如下右图所示。

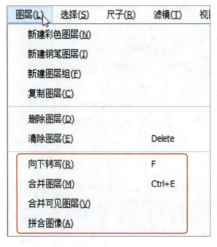

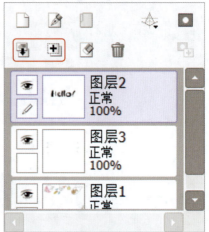

6.3.1 转写图层

转写图层可以将当前所选图层的图像内容转移到下一图层，而当前所选图层将作为空白图层被保留。

选中"图层1"，在画布上绘制人物瞳孔，在菜单栏中执行"图层>向下转写"命令，或单击快捷功能按钮列表中的"将所选图层的内容转移到下一图层"按钮，如下左图所示。"图层1"上的内容即被转写到了"瞳孔"图层上。此时隐藏"图层1"之外的所有图层，将会发现"图层1"已经变成了不含任何像素的空白图层，如下右图所示。

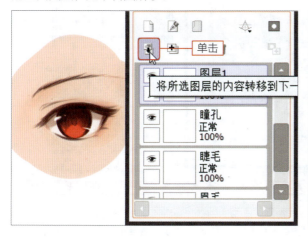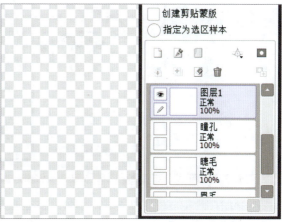

6.3.2 合并图层

当图层列表中的图层过多时，可以使用合并图层的功能对图层进行合并。

SAI中的图层合并共有三种选项，分别为"合并图层""合并可见图层"和"拼合图像"。在"图层"面板中选中"瞳孔"图层，在菜单栏中执行"图层>合并图层"命令，或单击快捷功能按钮列表中的"合并所选图层"按钮，如下左图所示，即可将"瞳孔"图层合并到"睫毛"图层之中，如下中图所示。

按住Ctrl快捷键，同时选中图层列表中的多个图层，在菜单栏中执行"图层>合并图层"命令或单击"合并所选图层"按钮，可以同时合成多个图层，如下右图所示。

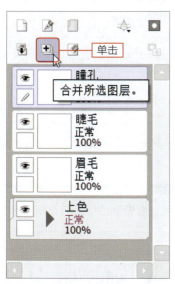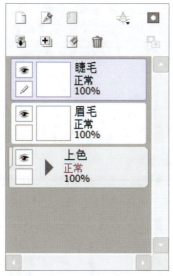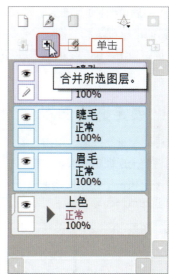

当需要对图像整体进行合并时，有时会因为图像中包含隐藏图层而无法执行"合并图层"命令，如下左图所示。

在菜单栏中执行"图层>拼合图像"命令，所有图层都将会被拼合为一个新的图层，如下中图所示。

如果需要保留图像中的隐藏图层，在菜单栏中执行"图层>合并可见图层"命令，即可将所有可见图层拼合为一个新的图层，而被隐藏的图层会出现在新图层的下方，如下右图所示。

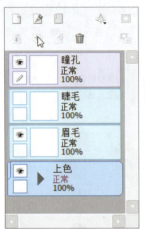 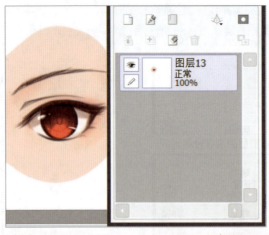 

提示：转写图层的应用

使用SAI进行绘画，往往需要许多线条的描绘和色彩的叠加，当不确定自己的步骤是否正确时，可以在当前图层的上方新建一个图层，在新建图层上继续绘制上一图层的内容，确认过绘画效果后，再将新建图层的内容转写到原本的图层上，使同一步骤的内容合并到同一图层上。

如对"睫毛"进行绘画时，可以先在"睫毛"图层上描绘轮廓，再新建一个图层，然后在新建图层上继续刻画睫毛的细节，确定效果后，单击"图层操作面板"中的"将所选图层内容转移到下一图层"按钮，即可将睫毛的细节与轮廓合并到"睫毛"图层上。

6.4　锁定图层

SAI中拥有4种锁定图层的方式，分别为"锁定透明像素""锁定图像像素""锁定位置"和"锁定全部"，不同的锁定方式对图层有着不同的  影响，通过单击"图层"面板"锁定"区域上的按钮，我们可以对图层和图层组执行锁定的操作，如下图所示。

6.4.1　锁定透明像素

选中"星星"图层，单击"图层"面板上"锁定"区域中的"锁定透明像素"按钮，"星星"图层的右下角将会出现锁定标识，如下左图所示。

对图层执行"锁定透明像素"后，"星星"图层的透明区域将被保护，在该图层上进行的一切操作都会被限制在已有的像素之中。使用画笔工具在"星星"图层上涂抹黑色，会看到图像上只有两颗星星变成了黑色，而其它区域不受影响，如下右图所示。

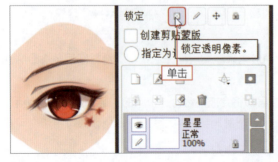 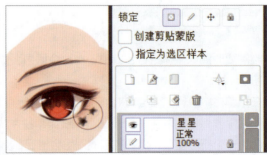

6.4.2 锁定图像像素

选中"星星"图层,单击"锁定"区域中的"锁定图像像素"按钮 🖉 ,"星星"图层的右下角将会出现锁定标识 🔒 ,如下左图所示。

对图层执行"锁定图像像素"后,该图层将无法进行编辑。使用画笔工具在"星星"上进行涂抹,SAI将弹出"该图层为无法绘图的锁定状态"警示,如下右图所示。

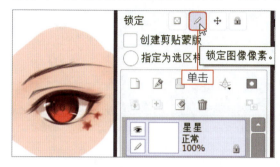
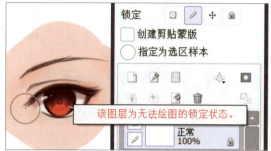

6.4.3 锁定位置

选中"星星"图层,单击"锁定"区域中的"锁定位置"按钮 ✛ ,"星星"图层的右下角将会出现锁定标识 🔒 ,如下左图所示。

对图层执行"锁定位置"后,该图层仍然可以进行各种编辑,但无法进行自由变换和移动,此时如果进行自由变换或移动的操作,SAI将弹出"该图层为无法移动的锁定状态"警示,如下右图所示。

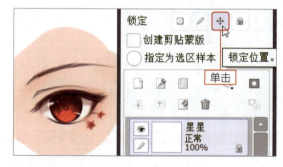
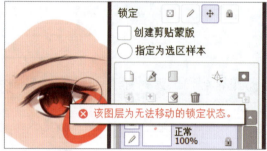

6.4.4 锁定全部

选中"星星"图层,单击"锁定"区域中的"锁定全部"按钮 🔒 ,"星星"图层的右下角将会出现锁定标识 🔒 ,并且"锁定"区域中的其它按钮会全部变为不可选择的灰色,如下左图所示。

对图层执行"锁定全部"后,该图层将会被同时锁定位置和全部像素,无法进行任何编辑。此时对"星星"图层进行任何操作,SAI都将弹出"该图层为无法移动的锁定状态"警示,如下右图所示。

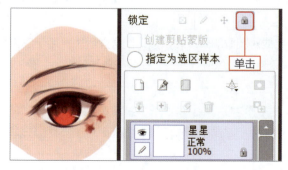
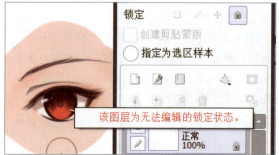

用户还可以根据绘画需求，选择对"锁定透明像素""锁定图像像素"和"锁定位置"三个按钮进行组合，不管如何组合这三种锁定方式，除了被限制的相应功能之外，其他图层工具都可以继续在被锁定的图层上应用，如下左图所示。但对图层执行"锁定全部"后，图层的"特殊效果""混合模式""创建剪贴蒙版"等功能都将会变为不可更改的灰色，如下右图所示。

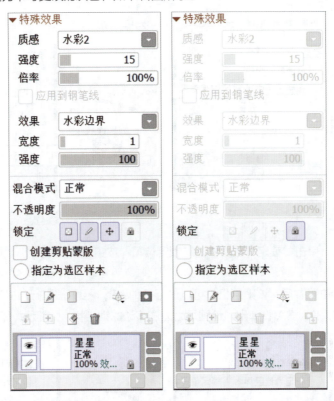

锁定图层后，如需要对图层进行解锁，只需选中相应图层，并在"图层"面板上单击"锁定"区域中的相应图标即可。

> **提示：锁定图层组**
>
> 对图层组执行锁定操作后，组内的所有图层都将会处于相应的锁定状态下。如将被锁定的图层组中的图层移出图层组，被移出的图层将自动解除锁定状态。

6.5 蒙版工具

SAI的蒙版工具主要分为图层蒙版和剪贴蒙版两类，用户可以通过在"图层"面板中单击相应按钮，创建相应的蒙版。

蒙版工具可以在不破坏原本图像像素的基础上，完成对图像的修改和拼接。图层蒙版主要用于遮盖图像原有的像素，而剪贴蒙版则可以在图像原有像素的基础上对图像进行修改，或叠加各种效果。

6.5.1 图层蒙版

图层蒙版可以视为一种对图层原有像素的遮罩，帮助用户遮盖不需要的图像。在蒙版上涂抹黑色会使相应的图像被遮住，涂抹白色则会使相应的对象显示。

在"图层"面板上选中"原图"图层❶，然后在快捷功能按钮区域中单击"创建图层蒙版"按钮▣❷，如下左图所示。此时，"原图"图层的缩略图右侧将出现空白的图层蒙版缩略图，并在"原图"图层左侧下方和图层蒙版左上方出现了蒙版图标▣，图层蒙版的左下方出现了链接图标✎，如下右图所示。

在SAI2中，最初创建的图层蒙版默认填充为白色，即让被蒙版的图层中包含的所有像素显示。单击图层蒙版，蒙版上会出现玫红色的方框▢，显示蒙版已被选中。在"工具"面板中选中"铅笔"工具，设置前景色为黑色，在画布上进行涂抹，可以看到画布上被涂抹的部分变得透明，而图层蒙版的缩略图上出现了相应的黑色，如下左图所示。

在"工具"面板中设置前景色为白色，使用"铅笔"工具在画布上进行涂抹，可以看到图像上被涂抹的部分再次得到了显示，如下右图所示。

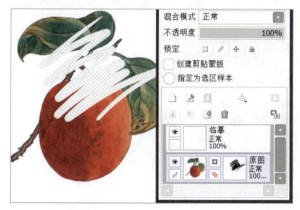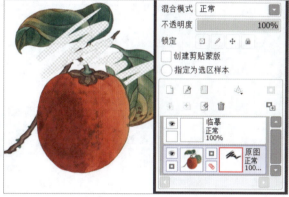

单击图层蒙版右上方的蒙版图标，图层蒙版将被隐藏，如下左图所示。

图层蒙版默认和被蒙版的图层链接，单独移动被蒙版的图层，图层蒙版也会跟着移动。单击图层蒙版左侧下方的链接图标✎，即可取消图层蒙版和被蒙版图层的链接，此时单独移动"原图"图层，被蒙版的部分将不会移动，如下右图所示。

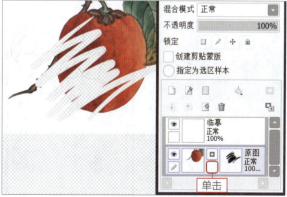

单击"原图"图层的图层蒙版❶，再单击快捷功能按钮区域中的"删除所选图层"按钮🗑❷，即可删除图层蒙版，如下左图所示。

如果需要在删除图层蒙版的同时，将对图像的修改应用到"原图"图层，单击快捷功能按钮区域中的"应用图层蒙版"按钮🖳，如下中图所示。图层蒙版将会在删除的同时被应用到"原图"图层上，如下右图所示。

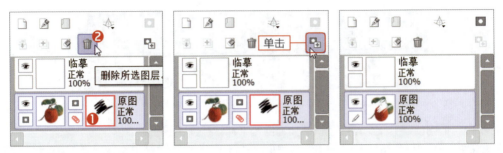

6.5.2 剪贴蒙版

剪贴蒙版可以在不破坏图层原有像素的基础上，对图层进行效果的叠加。选中"临摹"图层❶，单击"图层"面板中的"创建一个新图层"按钮❷，在"临摹"图层上创建一个新的图层，如下左图所示。

勾选"图层"面板中的"创建剪贴蒙版"复选框，将新创建的"图层1"图层设置为"临摹"的剪贴蒙版，如下右图所示。

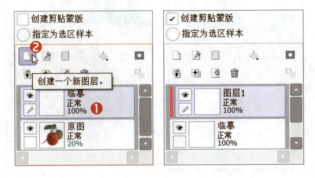

在"工具"面板中设置前景色为红色，选择"铅笔"工具，在"图层1"上进行涂抹，可以看到"图层1"的缩略图上出现了红色的涂抹痕迹，但画布上只有"临摹"图层的黑色线条与"图层1"上涂抹痕迹重合的地方变成了红色，如下左图所示。

取消勾选"图层"面板中的"创建剪贴蒙版"复选框，解除对"临摹"图层的图层蒙版，将会看到"图层1"上的图像完整显示，而"临摹"图层不再受其影响，如下右图所示。

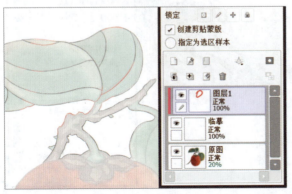

6.6 指定为选区样本

执行"指定为选区样本"命令，可以将所设定的图层指定为魔棒工具和油漆桶工具的选区样本。

在"图层"面板中选中"临摹"图层❶，单击"指定为选区样本"单选按钮❷，"临摹"图层的右下角将会出现绿色的魔棒图标 ，如下左图所示。单击"图层"面板中的"创建一个新图层"按钮，创建一个新的图层，如下右图所示。

 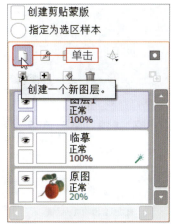

选中新创建的"图层1"，在"工具"面板中设置前景色为红色❶，选择"油漆桶"工具❷，设置"取样来源"为"指定为选区样本的图层"❸，如下左图所示。在画布上进行单击，颜色将以"临摹"作为选区样本，在"图层1"上进行填充，如下右图所示。

 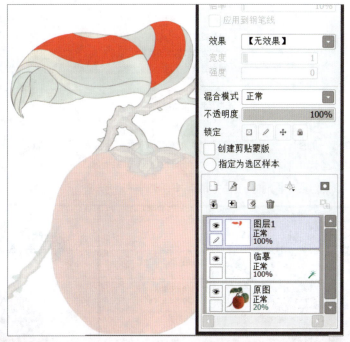

> **提示：指定为选区样本的图层**
>
> "指定为选区样本"的图层只能为单个图层，不能同时将多个图层指定为选区样本，但可以将多个图层拖入图层组中，将图层组指定为选区样本的图层。

6.7 填充与描边图层

在使用SAI进行绘画的时候，有时我们需要对图层进行"填充"或"描边"的操作。填充图层可以为指定的选区填充大块的色彩，而描边图层可以为指定的选区设置描边。

在"工具"面板中选择"魔棒"工具❶，设置前景色为黑色❷、"选区取样模式"为"色差范围内的全部像素""色差范围"为±50、"取样来源"为"当前图层"，勾选"消除锯齿"复选框❸，如下左图所示。

在"图层"面板中选中"原图"图层❶，单击快捷功能按钮区域中的"创建图层蒙版"按钮❷，为"原图"图层添加图层蒙版，如下右图所示。

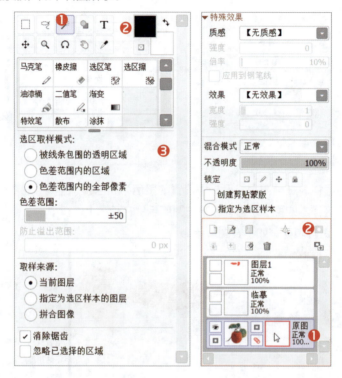

单击"原图"图层的缩略图❶，再单击画布上的白色区域❷，如下左图所示。单击图层蒙版的缩略图，在菜单栏中执行"图层>填充"命令，或按下Alt+Delete组合键，将选区填充为黑色，并按下Ctrl+D组合键取消选区，图像的主体抠取完毕，如下右图所示。

在"图层"面板中选中"原图"图层的图层蒙版❶，在画面主体部分单击❷，为蒙版部分创建选区，如下左图所示。

在"图层"面板中单击"创建一个新图层"按钮❶，选中新建的"图层2"图层❷，在菜单栏中执行"图层❸>描边❹"命令，如下右图所示。

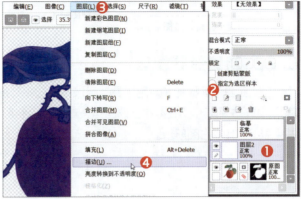

在弹出的"描边"对话框中设置"宽度"为10，选择"内侧"单选按钮，单击OK按钮，如下左图所示。按下Ctrl+D组合键，即可看到为选区设置的描边效果，如下右图所示。

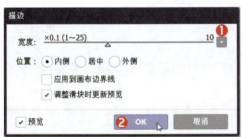

6.8 矢量图层的基本操作

"矢量图层"意为不受分辨率的影响、可以任意放大缩小而不会损失图像质量的图层。SAI拥有三种矢量工具，不同的矢量工具可以建立不同类型的矢量图层。

6.8.1 新建钢笔图层

在"图层"面板的快捷功能按钮区域中，点按"创建一个新钢笔图层"按钮，则可以快捷新建一个"钢笔图层"，如下左图所示。或在菜单栏中执行"图层❶>新建钢笔图层❷"命令，也可以实现对"钢笔图层"的新建，如下中图所示。

"钢笔图层"新建完毕后，在"工具"面板中的"自定义工具"区域中，即会出现"钢笔图层"对应使用的特定工具，如下右图所示。

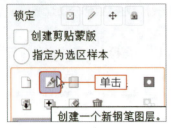
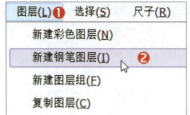
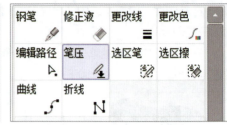

6.8.2 新建形状图层

在"工具"面板的"通用工具"区域中，选择"形状工具" 🔲，在三种形状工具中选择"椭圆形状工具"，如下左图所示。在画布上随意点按或拖曳绘制形状，即会在图层列表中出现一个命名为"形状1"的矢量图层，如下右图所示。

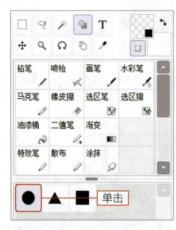
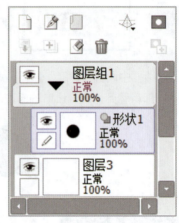

6.8.3 新建文本图层

在"工具"面板的"通用工具"区域中选择"文字工具"，在画布上任意单击，即可创建显示为灰色的文本框，如下左图所示。

如果光标离开已创建的文本框，那么在画布上的每一次单击，都会重新创建一个文本图层，如下右图所示。

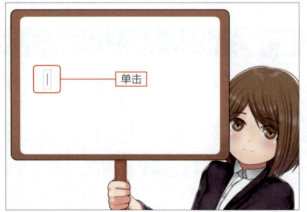
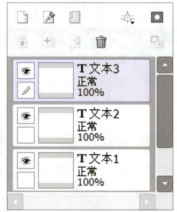

无论创建多少图层，只要不输入文字，都是对图像无影响的空白图层。如需输入文字，只需要选择相应文本图层，在图片上出现的灰色矩形文本框内单击，即可输入想输入的文字，如下左图所示。

选中所输入的文字，在"工具"面板的参数设置区域，即可对"布局""文字色""文字大小""文字修饰""字体"等参数进行修改，如下右图所示。

6.8.4 栅格化图层

对于矢量图层，如果需要使用画笔工具或执行滤镜等位图命令，需要先对图层进行栅格化。选中需要栅格化的图层，在菜单栏中执行"图层❶>栅格化❷"的命令，即可栅格化矢量图层，如下图所示。

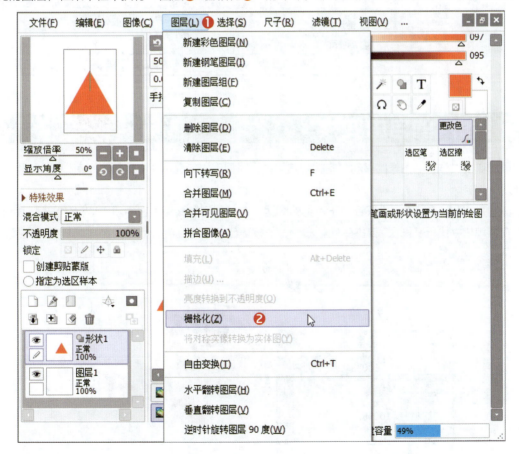

对矢量图层执行栅格化后，原本的矢量图层就变成了普通图层。在该图层上，用户只能执行普通图层对应的操作，而无法再对其进行矢量编辑，如下图所示。

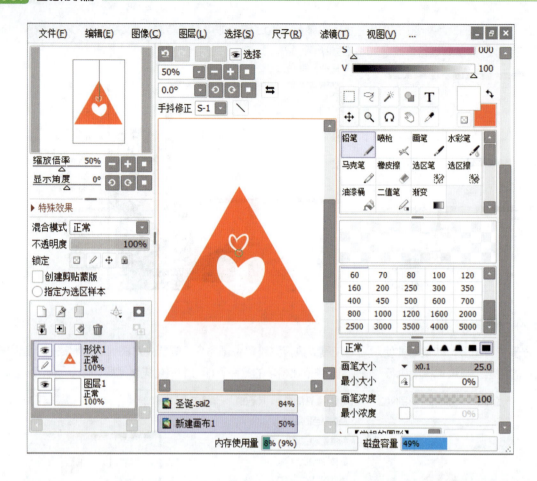

6.9　图层的自由变换

　　图层的变换操作包括图像的移动、旋转和缩放等，对图层执行自由变换的操作，可以使图层内所包含的图像发生改变。

　　在SAI中，图层的自由变换只针对于可见的图层。在"图层"面板中选中所需变换的图层，如下左图所示。在菜单栏中执行"图层>自由变换"命令，或按下Ctrl+T组合键，即可对图层进行自由变换，如下右图所示。

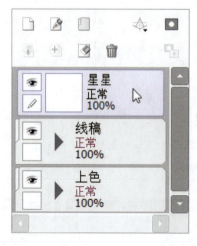
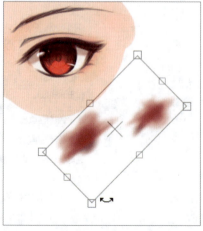

对图像执行自由变换命令后，在"工具"面板中的参数设置区域，还会出现和自由变换相对应的设置，如下左图所示。单击"中止"按钮即可取消自由变换，单击"确定"按钮或按Enter键即可确认自由变换的结果。

无论是钢笔图层还是形状图层，使用快捷键Ctrl+T或在菜单栏中执行"图层>自由变换"命令，都可以和普通图层一样进行自由变换，并且不会对图层内的像素有所损伤。

如果对文本图层进行自由变换，SAI将会给出"找不到可作为处理对象的图像"的警告提示，如下右图所示。想要对文字进行变换，需要在"图层"面板中选中相应图层，然后在菜单栏中执行"图层>栅格化"命令后，才能进行自由变换。

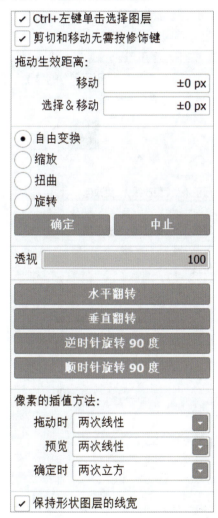

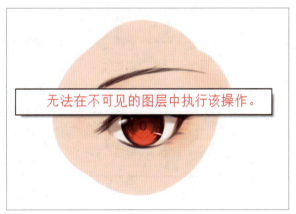

无法在不可见的图层中执行该操作。

 ## 知识延伸：钢笔工具

在"图层"面板中新建钢笔图层或形状图层后，在"工具"面板中的自定义工具区域中，会出现对应能够使用的钢笔工具。钢笔图层拥有多达10种钢笔工具，如下左图所示。而形状图层只能够使用5种钢笔工具，如下右图所示。

钢笔	修正液	更改线	更改色
编辑路径	笔压	选区笔	选区擦
曲线	折线		

			更改色
编辑路径		选区笔	选区擦
创建路径			

　　钢笔工具分为绘图工具、编辑工具和选区工具，其中绘图工具包括"钢笔"工具、"曲线"工具、"折线"工具、"修正液"工具和"更改线"工具；编辑工具包括"编辑路径"工具、"笔压"工具和"更改色"工具；选区工具则包括"选区笔"工具和"选区擦"工具，如下左图所示。

　　在"工具"面板中的自定义工具区域中，选择任意一种钢笔工具，"工具"面板下方的参数设置区域都会出现对应的可以设置的参数，如"画笔大小"、"画笔浓度"等，如下右图所示。

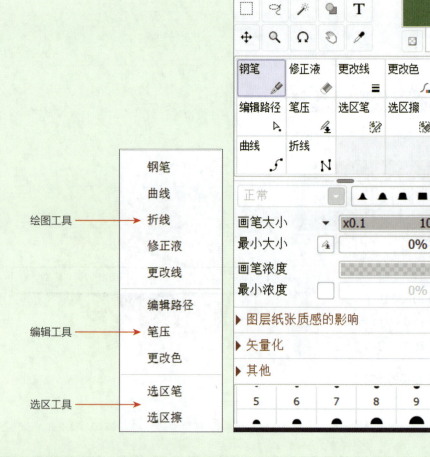

绘图工具 —— 折线

编辑工具 —— 笔压

选区工具 —— 选区笔

1. 绘图工具

　　使用"钢笔"工具，可以像使用"铅笔"工具在普通图层上自由绘图一样地在钢笔图层上自由绘图。在"工具"面板中设置"钢笔"工具的散焦为5、"画笔大小"为100、"最小大小"为100%、"画笔浓度"为100、最小为50%，在画布上绘制一个半圆，如下左图所示。任意按住Ctrl、Shift或Alt修饰键，可以看到所绘制的图像中央出现了钢笔的锚点，如下右图所示。

使用"修正液"工具，可以像使用"橡皮擦"工具一样擦除所绘制的图像。与"橡皮擦"工具不同的是，"修正液"工具所擦除和修改的是图像的锚点。

在"工具"面板中选择"修正液"工具，长按压感笔笔尖（或鼠标左键），在所绘制的图像上进行涂抹，如下左图所示。松开压感笔笔尖（或鼠标左键），按住Ctrl键，可以看到画布上的图像和其锚点已被更改，如下右图所示。

 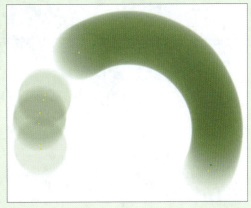

"曲线"工具和"折线"工具分别可以用来绘制平滑的曲线和折线。在"工具"面板中选择"曲线"工具，在画布上单击创建锚点，锚点和锚点之间将会自动出现平滑的弧线，如下左图所示。绘制完成后，按Enter键即可结束绘制，按住Ctrl键，可以看到构成曲线的锚点，如下右图所示。

在"工具"面板中选择"折线"工具，在画布上单击创建锚点，锚点和锚点之间将会被直线连接，如下左图所示。绘制完成后，按Enter键即可结束绘制，按住Ctrl键，可看到构成折线的锚点，如下右图所示。

"更改线"工具可以方便快捷地修改所绘制的钢笔锚点的各种参数，包括"画笔大小""最小大小""画笔浓度""最小浓度"等，也可以用于读取所绘制的钢笔锚点的各种参数。在"工具"面板中选择"更改线"工具，将光标移动到图像上，即可显示光标所在的位置上的钢笔路径，如下图所示。

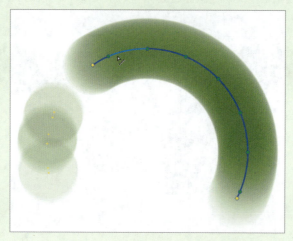

此时在"工具"面板中，"更改线"的参数设置如下左图所示。在画布上的钢笔路径中单击压感笔下键（或鼠标右键）❶，当前钢笔路径的参数设置即被读取到"更改线"的参数区域之中❷，如下右图所示。

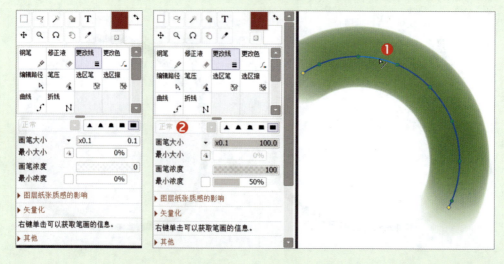

在"工具"面板中更改"更改线"的参数设置，设置散焦为1、"画笔大小"为10、"画笔浓度"为100❶，将光标移动到所需更改的路径上，单击压感笔笔尖（或鼠标左键），即可对所选择的路径进行参数更改❷，如下图所示。

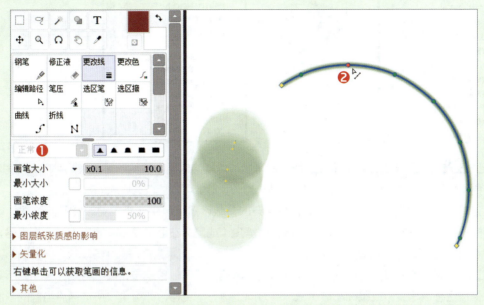

2. 编辑工具

"编辑路径"工具可以对所创建的路径进行各种编辑修改，包括"选择""移动路径""删除路径"等。在"工具"面板中选中"编辑路径"工具，参数设置区域中将会出现可以选择的各种选项，如下左图所示。在参数设置区域的最下方单击"其他操作的简单说明"折叠选项，在展开的区域中可以看到关于修饰键的说明，如下右图所示。

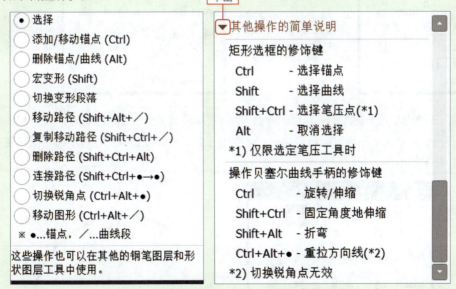

在"编辑路径"工具的参数设置区域中单击"选择"单选按钮❶，在画布上长按压感笔笔尖（或鼠标左键）拖曳选中所需编辑的锚点❷，如下左图所示。

在"编辑路径"工具的参数设置区域选择"移动路径"单选按钮❶，在画布上长按压感笔笔尖（或鼠标左键）对所选中的锚点进行拖曳❷，可以看到，随着锚点的拖曳，图像也发生了改变，如下右图所示。

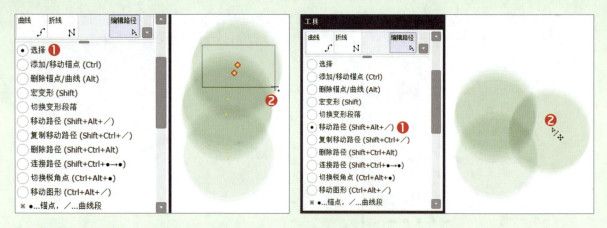

"笔压"工具可以用于更改所选路径的线宽的笔压或浓度的笔压，线宽的笔压最高可以更改为500%，最低可以更改为0%；浓度的笔压最高可以更改为100%，最低可以更改为0%。

在"工具"面板中选择"笔压"工具，在展开的参数设置区域中选择"更改线宽的笔压"单选按钮❶，将光标移动到所需更改的锚点上，长按压感笔笔尖（或鼠标左键）在水平方向上进行拖曳❷，即可更改所选锚点当前的线宽，如下左图所示。

在"工具"面板的参数设置区域中，选择"更改浓度的笔压"单选按钮❶，将光标移动到所需更改的锚点上，长按压感笔笔尖（或鼠标左键）在水平方向上进行拖曳❷，即可更改所选锚点当前的浓度，如下右图所示。

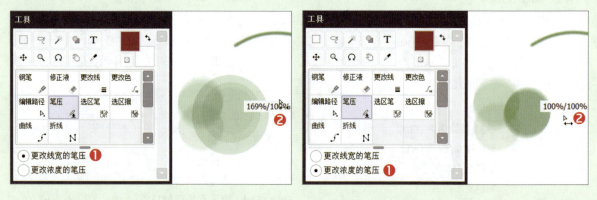

"更改色"工具可以用于更改钢笔路径的颜色。在"工具"面板中选择"更改色"工具❶，设置前景色为黑色❷，将光标移动到所需更改颜色的路径上，单击压感笔笔尖（或鼠标左键）❸，即可更改所单击的路径的颜色，如下图所示。

3. 选区工具

"选区笔"工具可以用于自由绘制选区，"选区擦"工具可以用于自由地擦除选区。使用"选区笔"在钢笔图层上建立选区后，即可在菜单栏中执行"选择>选择选区内的锚点"或"选择>选择与选区重叠的笔画"命令，用于选择和选区重叠的锚点或路径，如下图所示。

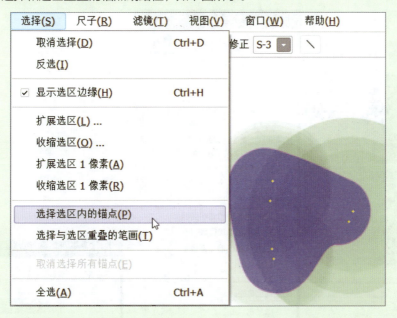

上机实训：绘制水彩花环插画

通过对绘画工具进行参数设置，可以绘制出风格不同的插画作品。下面将以绘制手绘风格的水彩花环插画为例，进一步巩固本章所学的知识。

步骤 01 在菜单栏中执行"文件>新建"命令，或按下Ctrl+N组合键，在弹出的"新建画布"对话框中设置"宽度"为1000、"高度"为1000、"打印分辨率"为96❶，单击OK按钮❷，即可创建新的文档，如下左图所示。

步骤 02 在"工具"面板中单击"更改前景色"按钮，在弹出的"更改前景色"对话框中，设置颜色为#333138❶，单击OK按钮❷进行确认，如下右图所示。

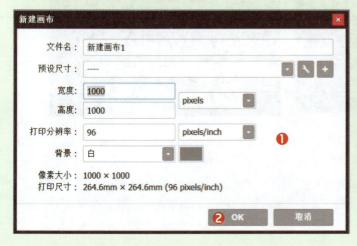

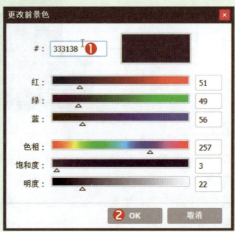

步骤 03 在"工具"面板中选择"油漆桶"工具❶，在画布上单击❷，来填充画布的颜色，如下左图所示。

步骤 04 双击"图层"面板中的"图层1"，在弹出的"图层属性"对话框中更改"图层名称"为"背景"❶，单击OK按钮❷进行确定，如下右图所示。

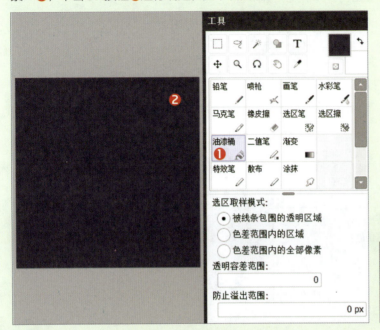

步骤 05 在"图层"面板中单击"创建一个新图层"按钮，在"背景"图层上方新建"图层1"图层。在菜单栏中执行"尺子❶>椭圆❷"命令，画布上将出现"椭圆"辅助尺，如下左图所示。

步骤 06 在"工具"面板中设置前景色为白色，选择"铅笔"工具，设置"画笔大小"为5、"最小大小"为0%，在画布上绘制一个圆形，如下右图所示。

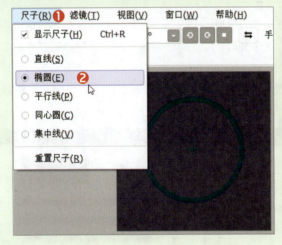

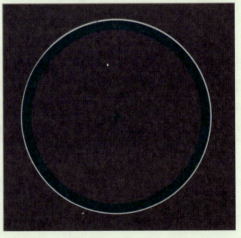

步骤 07 在"图层"面板中设置"图层1"图层的"不透明度"为10%❶，单击"创建一个新图层"按钮❷，在"图层1"上方创建一个新的图层，重复步骤04，将"图层2"重命名为"枝"❸，如下左图所示。

步骤 08 按下Ctrl+R组合键取消对"椭圆"辅助尺的显示，在"工具"面板中设置前景色为# FDFAEC，设置"铅笔"工具的散焦为5、"画笔大小"为2、"最小大小"为0%，沿着圆圈的形状，在画布上绘制不规则的圆环，如下右图所示。

步骤 09 重复步骤08，在画布上错开绘制第二层圆环，如下左图所示。

步骤 10 重复步骤08，在画布上错开绘制第三层、第四层圆环、第五层圆环。在"图层"面板中选中"图层1"图层，单击"删除所选图层"按钮删除"图层1"，此时的图像效果如下右图所示。

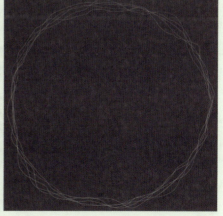

步骤 11 重复步骤05，在"枝"图层上方新建"图层1"。重复步骤04，将"图层1"图层重命名为"花瓣"。在"工具"面板中设置前景色为#F5C7BB，选择"画笔"工具，设置散焦为5、"画笔大小"为

20、最小大小为50%、"画笔浓度"为100、"最小浓度"为100%，设置"混色"为30、"水分量"为70、"色延伸"为0、"模糊笔压"为0%，在画布上沿圆圈绘制花瓣，如下左图所示。

步骤12 重复步骤05，在"花瓣"图层上方新建"图层1"图层。重复步骤04，将"图层1"重命名为"轮廓"。在"工具"面板中设置前景色为白色，选择"铅笔"工具，设置散焦为5、"画笔大小"为2、"最小大小"为0%，沿着绘制花瓣的轮廓进行描边，如下右图所示。

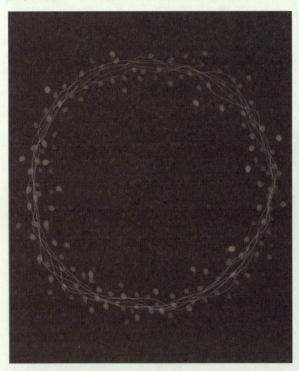 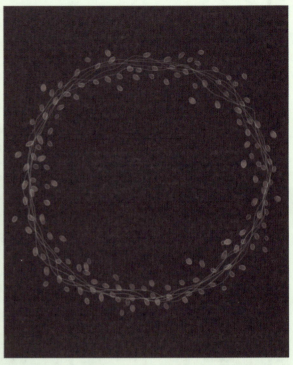

步骤13 重复步骤05，在"花瓣"图层上方新建"图层1"图层。重复步骤04，将"图层1"图层重命名为"花瓣2"。在"工具"面板中设置前景色为#F5C7BB，选择"画笔"工具，设置散焦为5、"画笔大小"为20、"最小大小"为20%、"画笔浓度"为100、"最小浓度"为100%，设置"混色"为30、"水分量"为60，均匀选择一部分花瓣，并在花瓣的下半部分绘制重叠的色彩，如下左图所示。

步骤14 重复步骤05，在"轮廓"图层上方新建"图层1"。重复步骤04，将"图层1"重命名为"轮廓2"。在"工具"面板中设置前景色为白色，选择"铅笔"工具，设置散焦为5、"画笔大小"为2、"最小大小"为0%，沿着花瓣上重叠的颜色进行描边，并在花瓣中央添加竖线，如下右图所示。

 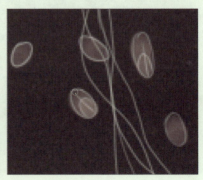

步骤15 重复步骤05，在"轮廓2"图层上方新建"图层1"图层。重复步骤04，将"图层1"重命名为"花瓣3"。在"工具"面板中设置前景色为白色，选择"画笔"工具，设置散焦为5、"画笔大小"为20、

"最小大小"为20%、"画笔浓度"为100、"最小浓度"为100%，设置画笔形状为"渗化和杂色""强度"为100，设置"混色"为30、"水分量"为30，在每个花瓣的下半部分不规则地添加白色部分，如下左图所示。

步骤16 重复步骤05，在"花瓣3"图层上方新建"图层1"图层。重复步骤04，将"图层1"图层重命名为"花蕊"。在"工具"面板中设置前景色为#8F2B00，选择"画笔"工具，设置散焦为5、"画笔大小"为15、"最小大小"为30%、"画笔浓度"为100、"最小浓度"为100%，设置画笔形状为"渗化""强度"为70，设置"混色"为30、"水分量"为15，均匀选择一部分花瓣，在花瓣下半部分绘制重叠的色彩，如下右图所示。

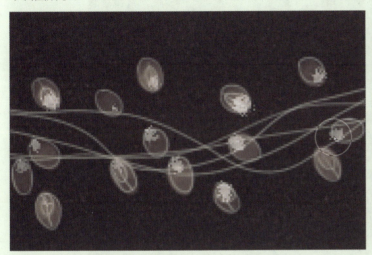

步骤17 重复步骤05，在"花蕊"图层上方新建"图层1"图层。重复步骤04，将"图层1"图层重命名为"枝2"。在"工具"面板中设置前景色为白色，选择"铅笔"工具，设置散焦为5、"画笔大小"为2、"最小大小"为0%、"画笔浓度"为100，以顺时针方向，连接花瓣和圆圈，如下左图所示。

步骤18 在菜单栏中执行"文件>打开"命令，或按下Ctrl+O组合键，从文件夹中打开"水彩花环.png"图像文件，如下右图所示。

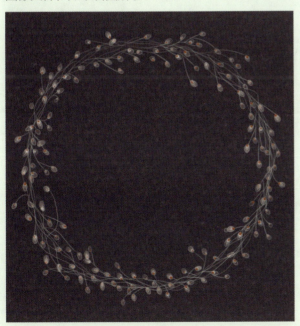

步骤19 按下Ctrl+A组合键，全选整个图像。按下Ctrl+C组合键复制图像，单击视图选择栏中的"新建画布1"视图，按下Ctrl+V组合键粘贴图像。水彩花环插画绘制完成，效果如下图所示。

课后练习

1. 选择题（部分多选）

（1）以下哪些操作可以重命名图层_____。

    A. "图层>图层属性"命令   B. "图层>重命名图层"命令

    C. "图层>图层名称"命令   D. "图层>更改属性"命令

（2）SAI的蒙版工具主要有_____。

    A. 矢量蒙版   B. 图层蒙版

    C. 通道蒙版   D. 剪贴蒙版

（3）合并两个图层的图像可以通过在菜单栏中执行_____命令。

    A. 转写图层   B. 拼合图像

    C. 合并图层   D. 合并可见图层

2. 填空题

（1）SAI中的矢量图层包括_____、_____和_____。

（2）蒙版工具可以在不破坏原本图像像素的基础上，完成对图像的_____。

（3）在图层蒙版上涂抹_____可以遮住原有的图像。

3. 上机题

    对"夹子"草稿进行描摹，效果如下图所示。

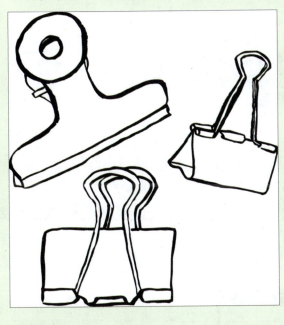
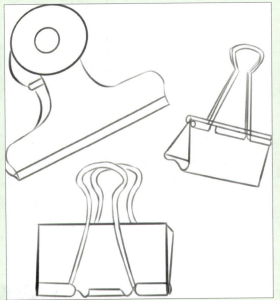

操作提示

（1）根据自己的喜好和审美搭配色彩。

（2）绘制柔滑的线条和规律的图形。

（3）使用油漆桶工具为图案填充颜色。

Chapter 07 图层的特殊效果与混合模式

本章概述

图层的特殊效果可以为图层上所包含的图像添加特殊的叠加效果，而图层的混合模式可以将一个图层中的像素与下层图层中的像素进行不同形式的混合。本章将详细介绍图层的特殊效果和混合模式的应用，通过对本章的学习，用户可以更好地掌握图层的应用技巧。

核心知识点

❶ 了解图层的质感设置
❷ 了解图层的效果设置
❸ 掌握图层的混合模式
❹ 熟悉图层混合模式的应用

7.1 图层的特殊效果

在使用SAI进行图像绘制时，用户可以根据绘画需要，为图层添加特殊的叠加效果。

SAI中的特殊效果分为两类，分别为"质感"和"效果"。其中"质感"包括"无质感""水彩1""水彩2""画布"和"画用纸"，如下左图所示。"效果"则包括"无效果""水彩边界"和"颜色二值化"，如下右图所示。

本节将对图层的特殊效果应用进行详细介绍。

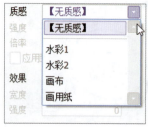 

7.1.1 质感

在"图层"面板的"特殊效果"区域中单击"质感"下拉按钮，在下拉列表中选择所需的选项，可以为图层中的像素添加不同的仿纸张质感，还可以为其设置"倍率"和"强度"参数。

在SAI中，新建图层时默认"质感"都会默认选择"无质感"选项，在"图层"面板中单击"特殊效果"折叠按钮，即可看到图层当前的效果设置，如下左图所示。

当为图层设定了"质感"效果后，"图层"面板下方的图层列表中，将会出现绿色的"质感"提示，如下右图所示。

"强度"是指纹理叠加在图像上的不透明度;"倍率"则是被叠加的纹理的细节的放大程度。

"水彩1"和"水彩2"可以为图层添加类似水彩纹理的效果。单击"质感"下拉按钮,在下拉列表中选择"水彩1"选项❶,设置"强度"为100、"倍率"为100%❷,效果如下左图所示。

单击"质感"下拉按钮,在下拉列表中选择"水彩2"选项❶,设置"强度"为100、"倍率"为100%❷,效果如下右图所示。

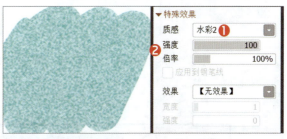

单击"质感"下拉按钮,在下拉列表中选择"画布"选项❶,设置"强度"为100、"倍率"为100%❷,效果如下左图所示。

单击"质感"下拉按钮,在下拉列表中选择"画用纸"选项❶,设置"强度"为100、"倍率"为100%❷,效果如下右图所示。

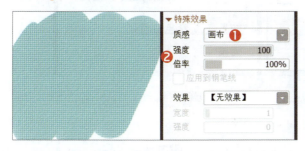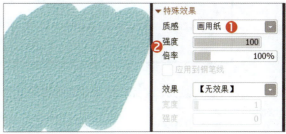

无论是普通图层、形状图层还是文本图层,都可以通过在"图层"面板上直接选择"质感"来为图层添加纹理。当所需添加纹理的图层为钢笔图层时,勾选"应用到钢笔线"复选框,可以使纹理轮廓更加分明,如下图所示。

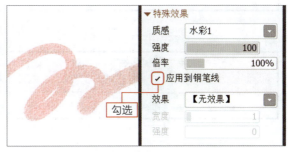

7.1.2 效果

"效果"包括"无效果""水彩边界"和"颜色二值化",其中"水彩边界"可以为画笔的笔触制造出类似水彩的描边效果,而且可以设置描边的"宽度"和"强度""宽度"通常指叠加的描边效果的描边大小;"强度"指描边效果的不透明度。

在"图层"面板中单击"效果"下拉按钮,在下拉列表中选择"水彩边界"选项❶,设置"宽度"为5、"强度"为100❷,设置前的效果如下左图所示。设置后的效果则如下右图所示。

"颜色二值化"将会使彩色图像转换为黑白图像。在"图层"面板中单击"效果"下拉按钮，在下拉列表中选择"颜色二值化"选项，设置"阈值"为0，色彩将全部被转换为透明效果，如下图所示。

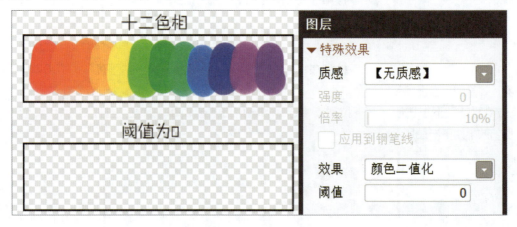

"阈值"数值越大，相邻色相互相同化的程度也越高。下图分别为设置"阈值"为25、50、75、100的效果。

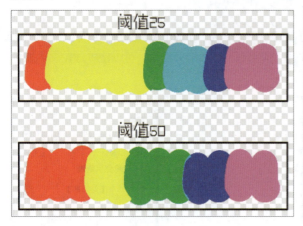
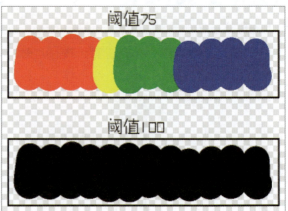

实战练习 绘制薰衣草插画

SAI的"特殊效果"不仅可以为图层增加不同的质感和效果，还可以为绘画提供便利。以下将以绘制薰衣草为例，详细讲解SAI的"特殊效果"在绘制花卉时的应用。

步骤 01 使用Ctrl+N快捷键，在弹出的"新建画布"窗口中设置"文件名"为薰衣草❶，单击"预设尺寸"下拉按钮，选择"1024×1024-96ppi"选项❷，单击OK按钮创建画布❸，如下左图所示。

步骤 02 单击"色"面板上的"RGB滑块"按钮，在打开的"RGB滑块"区域中设置"R"值为220、"G"值为230、"B"值为150，如下右图所示。

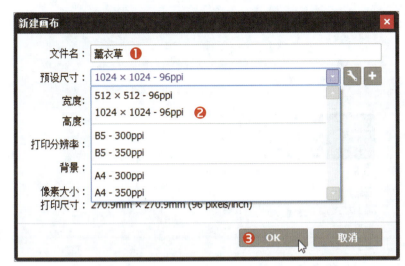
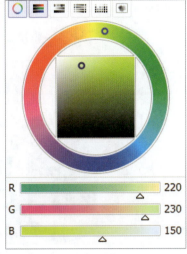

步骤 03 在"工具"面板中选择"铅笔"工具❶，设置"散焦"为5、"画笔大小"为10、"最小大小"为100%、"画笔浓度"为100❷，如下左图所示。

步骤 04 在"图层"面板中设置"图层1"的"质感"为"水彩2"、设置"强度"为100、"倍率"为45%、"效果"为"水彩边界""宽度"为2、"强度"为100，如下中图所示。

步骤 05 使用"铅笔"工具，在画布上绘制薰衣草的枝茎，如下右图所示。

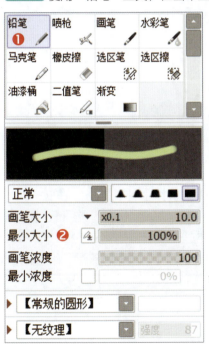

步骤 06 在"色"面板中的"RGB滑块"区域设置"R"值为60、"G"值为40、"B"值为150，如下左图所示。

步骤 07 在"工具"面板中选择"铅笔"工具❶，设置"散焦"为5、"画笔大小"为50、"最小大小"为10%、"画笔浓度"为35❷，如下中图所示。

步骤 08 在"图层"面板中单击"创建一个新图层"按钮❶，创建"图层2"图层，重复步骤04，为"图层2"设置"质感"和"效果"❷，如下右图所示。

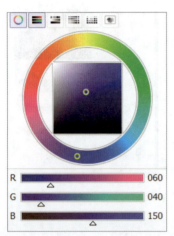

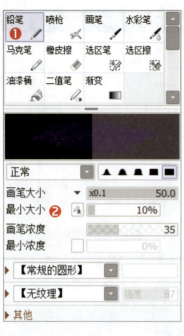

步骤 09 使用"铅笔"工具，在画布上练习绘制薰衣草的花瓣，如下左图所示。

步骤 10 熟悉薰衣草花瓣的绘制方法后，单击"图层"面板中的"清除所选图层"按钮，清除"图层2"上的图像内容，使用"铅笔"工具，沿着薰衣草的枝茎绘制花瓣，如下右图所示。

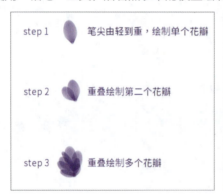

步骤 11 在"图层"面板中单击"创建一个新图层"按钮，创建"图层3"，重复步骤02、03、04，绘制薰衣草的叶子，如下左图所示。

步骤 12 进一步绘制薰衣草的长叶子，如下右图所示。

步骤13 在"图层"面板中选中"图层1" **❶**，单击"创建一个新图层"按钮**❷**，在"图层1"上方新建"图层4"，如下左图所示。

步骤14 在"色"面板中的"RGB滑块"区域中，设置"R"值为150、"G"值为180、"B"值为45，如下右图所示。

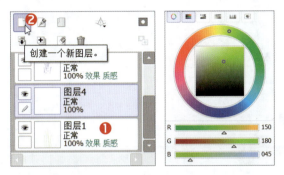

步骤15 在"工具"面板中选择"铅笔"工具，设置"散焦"为5、"画笔大小"为2.5、"最大大小"为70%、"画笔浓度"为100，在画布上绘制枝茎中间的棱线，如下左图所示。

步骤16 重复步骤13，在"图层3"图层上方新建"图层5"图层，重复步骤15，在画布上绘制叶脉，如下右图所示。

步骤17 重复步骤13，在"图层5"图层上方新建"图层6"图层**❶**，重复步骤04**❷**，如下左图所示。

步骤18 重复步骤07，并在"色"面板中的"RGB滑块"区域设置"R"为135、"G"为40、"B"为225，如下右图所示。

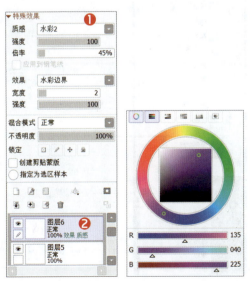

步骤 19 在画布上的薰衣草花瓣区域重叠绘制浅紫色的花瓣，如下左图所示。

步骤 20 薰衣草插画绘制完成，效果如下右图所示。

7.2 图层的混合模式

"混合模式"可以用于混合两个或多个图层之间的色彩，使图像呈现出特殊的效果。SAI中拥有8组26种混合模式，分别为正常模式组、叠加模式组、明暗模式组、加深/减淡模式组、饱和度模式组、变暗/变亮模式组、差集模式组和颜色模式组。

在"图层"面板中单击"混合模式"右侧的下拉按钮，在下拉列表中可以看到"混合模式"的相关选项，如下图所示。本节将对SAI中图层的混合模式进行详细讲解。

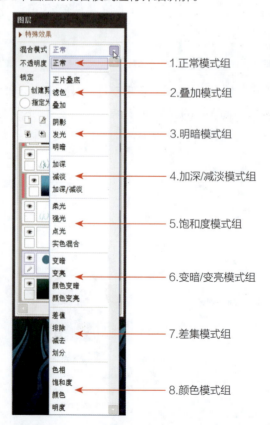

7.2.1 正常模式组

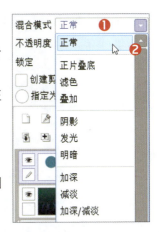

正常模式组中只有"正常"模式一种模式。在SAI中，新建图层时"混合模式"都会默认选择"正常"选项。

在"图层"面板中单击"混合模式"折叠按钮❶，在下拉列表中选择"正常"选项❷，即可将图层的"混合模式"设置为正常，如右图所示。

7.2.2 叠加模式组

叠加模式组包含"正片叠底""滤色"和"叠加"三种混合模式。在"图层"面板中选中"圆"图层，可以看到"圆"图层当前的混合模式为"正常"模式，如下左图所示。

单击"混合模式"折叠按钮，在下拉列表中选择"正片叠底"选项，即可将"圆"图层的混合模式设置为"正片叠底"，"圆"图层上所包含的颜色将和"图层1"图层上所包含的颜色混合在一起，并显示为较暗的颜色，如下右图所示。

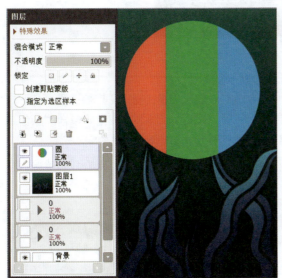

单击"混合模式"折叠按钮，在下拉列表中选择"滤色"选项，即可将"圆"图层的混合模式设置为"滤色"模式，"圆"图层上所包含的颜色将和"图层1"图层上所包含的颜色混合在一起，并显示为较亮的颜色，如右图所示。

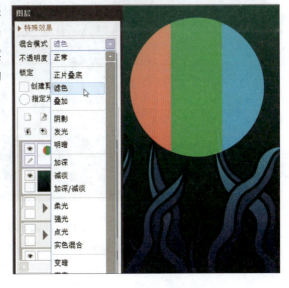

单击"混合模式"折叠按钮，在下拉列表中选择"叠加"选项，即可将"圆"图层的混合模式设置为"叠加"模式，"圆"图层上所包含的颜色将和"图层1"上所包含的颜色混合在一起，并在增强"图层1"颜色的同时保持"图层1"图像的高光和暗调，如下图所示。

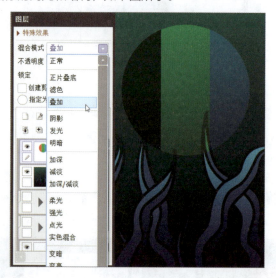

7.2.3　明暗模式组

明暗模式组包含"阴影""发光"和"明暗"三种混合模式。单击"混合模式"折叠按钮，在下拉列表中选择"阴影"选项，即可将"圆"图层的混合模式设置为"阴影"，"圆"图层上所包含的颜色将和"图层1"上所包含的颜色混合在一起，并降低混合部分的亮度，用以加深颜色，如下左图所示。

单击"混合模式"折叠按钮，在下拉列表中选择"发光"选项，即可将"圆"图层的混合模式设置为"发光"，"圆"图层上所包含的颜色将和"图层1"上所包含的颜色混合在一起，并加强混合部分的亮度，用以减淡颜色，如下右图所示。

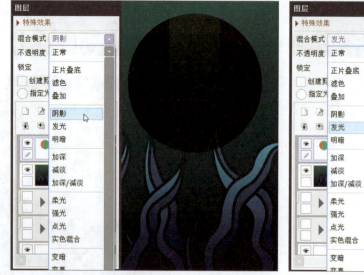 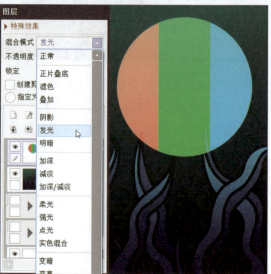

单击"混合模式"折叠按钮，在下拉列表中选择"明暗"选项，即可将"圆"图层的混合模式设置为"明暗"，"圆"图层上所包含的颜色将和"图层1"上所包含的颜色混合在一起，并根据"圆"图层颜色的亮度决定颜色叠加部分的明暗，如下图所示。

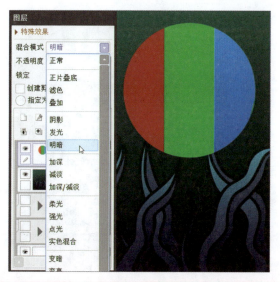

7.2.4 加深/减淡模式组

　　加深/减淡模式组包含"加深""减淡"和"加深/减淡"三种混合模式。单击"混合模式"折叠按钮，在下拉列表中选择"加深"选项，即可将"圆"图层的混合模式设置为"加深"，"圆"图层上所包含的颜色将和"图层1"图层上所包含的颜色混合在一起，并加强混合区域的对比度，如下左图所示。

　　单击"混合模式"折叠按钮，在下拉列表中选择"减淡"选项，即可将"圆"图层的混合模式设置为"减淡"，"圆"图层上所包含的颜色将和"图层1"上所包含的颜色混合在一起，并通过减小混合区域的对比度加强颜色的亮度，如下右图所示。

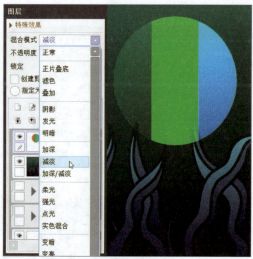

　　单击"混合模式"折叠按钮，在下拉列表中选择"加深/减淡"选项，即可将"圆"图层的混合模式设置为"加深/减淡"，"圆"图层上所包含的颜色将和"图层1"上所包含的颜色混合在一起，并根据"圆"图层颜色的亮度决定颜色叠加部分的对比度，如下图所示。

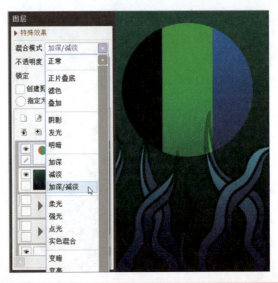

提示：SAI中的加深/减淡模式组在Photoshop中的对应模式

通常情况下，SAI中的"加深"模式在Photoshop中对应"颜色加深"模式；"减淡"模式对应"颜色减淡"模式；"加深/减淡"模式对应"亮光"模式。

7.2.5　饱和度模式组

饱和度模式组包含"柔光""强光""点光"和"实色混合"四种混合模式。单击"混合模式"折叠按钮，在下拉列表中选择"柔光"选项，即可将"圆"图层的混合模式设置为"柔光"，"圆"图层上所包含的颜色将和"图层1"上所包含的颜色混合在一起，并根据"圆"图层的亮度决定颜色叠加部分的亮度，如下左图所示。

单击"混合模式"折叠按钮，在下拉列表中选择"强光"选项，即可将"圆"图层的混合模式设置为"强光"，"圆"图层上所包含的颜色将和"图层1"上所包含的颜色混合在一起，并根据"圆"图层颜色的亮度决定颜色叠加部分的亮度，其加亮的程度比"柔光"更高，如下右图所示。

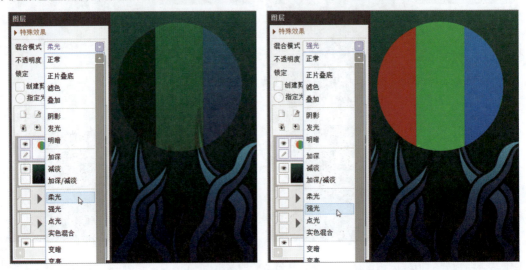

单击"混合模式"折叠按钮，在下拉列表中选择"点光"选项，即可将"圆"图层的混合模式设置为"点光"，"圆"图层上所包含的颜色将和"图层1"上所包含的颜色混合在一起，并根据"圆"图层颜色的

亮度替换"图层1"上颜色叠加部分的像素,如下左图所示。

单击"混合模式"折叠按钮,在下拉列表中选择"实色混合"选项,即可将"圆"图层的混合模式设置为"实色混合","圆"图层和"图层1"图层上的红色、绿色和蓝色将混合到一起,得到实色混合的效果,如下右图所示。

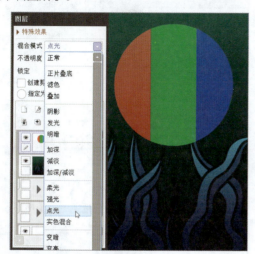 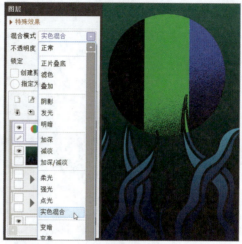

7.2.6 变暗/变亮模式组

变暗/变亮模式组包含"变暗""变亮""颜色变暗"和"颜色变亮"四种混合模式。单击"混合模式"折叠按钮,在下拉列表中选择"变暗"选项,即可将"圆"图层的混合模式设置为"变暗","圆"图层上所包含的颜色将和"图层1"上所包含的颜色混合在一起,并使用"图层1"图层上较暗的像素替换"圆"图层上较亮的像素,如下左图所示。

单击"混合模式"折叠按钮,在下拉列表中选择"变亮"选项,即可将"圆"图层的混合模式设置为"变亮","圆"图层上所包含的颜色将和"图层1"上所包含的颜色混合在一起,并使用"圆"图层上较亮的像素替换"图层1"上较暗的像素,如下右图所示。

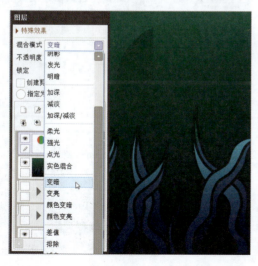 

单击"混合模式"折叠按钮,在下拉列表中选择"颜色变暗"选项,即可将"圆"图层的混合模式设置为"颜色变暗","圆"图层上所包含的颜色将和"图层1"上所包含的颜色混合在一起,并比较两个图层的所有通道值的总和,显示其中通道值较小的颜色,如下左图所示。

单击"混合模式"折叠按钮，在下拉列表中选择"颜色变亮"选项，即可将"圆"图层的混合模式设置为"颜色变亮"，"圆"图层上所包含的颜色将和"图层1"上所包含的颜色混合在一起，并比较两个图层的所有通道值的总和，显示其中通道值较大的颜色，如下右图所示。

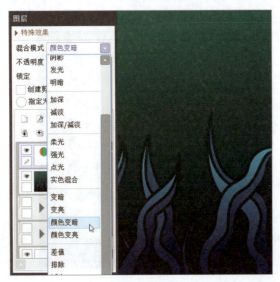

7.2.7　差集模式组

差集模式组包含"差值""排除""减去"和"划分"四种混合模式。单击"混合模式"折叠按钮，在下拉列表中选择"差值"选项，即可将"圆"图层的混合模式设置为"差值"，"圆"图层上所包含的颜色将和"图层1"上所包含的颜色混合在一起，并在"图层1"颜色的基础上呈现反相的效果，如下左图所示。

单击"混合模式"折叠按钮，在下拉列表中选择"排除"选项，即可将"圆"图层的混合模式设置为"排除"，"圆"图层上所包含的颜色将和"图层1"上所包含的颜色混合在一起，并在"图层1"颜色的基础上呈现比"差集"模式更低的反相效果，如下右图所示。

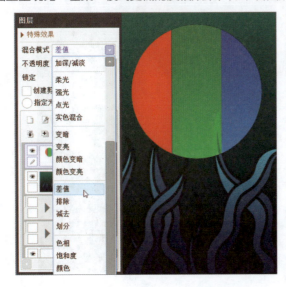

单击"混合模式"折叠按钮，在下拉列表中选择"减去"选项，即可将"圆"图层的混合模式设置为"减去"，"圆"图层上所包含的颜色将和"图层1"图层上所包含的颜色混合在一起，并从"图层1"图层相应的像素中减去"圆"图层中相应的像素值，如下左图所示。

单击"混合模式"折叠按钮，在下拉列表中选择"划分"选项，即可将"圆"图层的混合模式设置为"划分"，"圆"图层上所包含的颜色将和"图层1"上所包含的颜色混合在一起，并查看每个通道中的颜色信息，从基色中划分混合色，如下右图所示。

 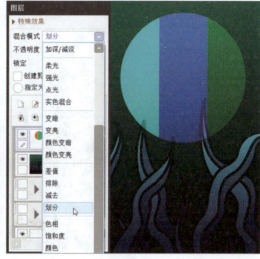

7.2.8 颜色模式组

颜色模式组包含"色相""饱和度""颜色"和"明度"四种混合模式。单击"混合模式"折叠按钮，在下拉列表中选择"色相"选项，即可将"圆"图层的混合模式设置为"色相"，"圆"图层上所包含的颜色将和"图层1"上所包含的颜色混合在一起，并使用"圆"图层的色相改变"图层1"的色相，如下左图所示。

单击"混合模式"折叠按钮，在下拉列表中选择"饱和度"选项，即可将"圆"图层的混合模式设置为"饱和度"，"圆"图层上所包含的颜色将和"图层1"上所包含的颜色混合在一起，并使用"圆"图层的饱和度更改"图层1"的饱和度，如下右图所示。

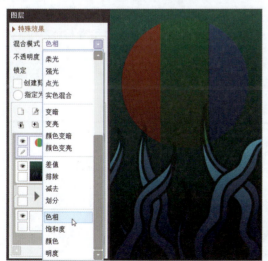 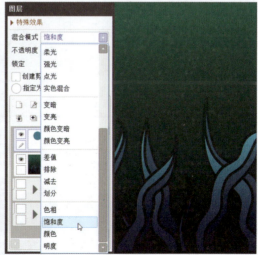

单击"混合模式"折叠按钮，在下拉列表中选择"颜色"选项，即可将"圆"图层的混合模式设置为"颜色"，"圆"图层上所包含的颜色将和"图层1"上所包含的颜色混合在一起，并将"圆"图层的色相和饱和度应用到"图层1"的颜色上，如下左图所示。

单击"混合模式"折叠按钮，在下拉列表中选择"明度"选项，即可将"圆"图层的混合模式设置为"明度"，"圆"图层上所包含的颜色将和"图层1"图层上所包含的颜色混合在一起，并将当前图层的亮度应用到"图层1"图层的颜色上，同时改变图层"1"图层的亮度，如下右图所示。

 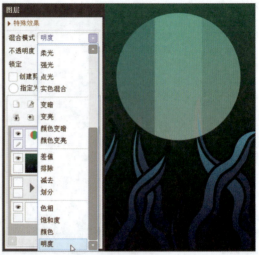

 ## 知识延伸：三大面五大调

三大面五大调是绘画方面的术语，物体在接受光的照射后，会呈现出不同的明暗状态和明暗层次。为图像添加明暗状态和明暗层次，可以使图像变得更加立体或富有层次感。

三大面指物体受光后的明暗状态，分别为亮部（白）、中间调（灰）和暗部（黑），五大调指物体因接受光线的角度不同而形成的深浅不一的明暗层次，分别为亮面、灰面、明暗交界线、反光和投影。

亮部（白）又称为受光面，是在光线的照射下，物体主要受光的一面；暗部（黑）又称为背光面，是在光线的照射下，物体不直接受光的一面；中间调（灰）又称侧光面，介于受光面和背光面之间，如下左图所示。

将三大面的层次进行更细致的划分，还可以得出亮面、灰面、明暗交界线和反光四种调子。亮面主要对应亮部，当物体表面足够光滑时，亮部上还会出现受光焦点（高光）；灰面主要对应中间调，是亮面与明暗交界线之间的过度地带；明暗交界线主要对应暗部，颜色最深，和亮部对比最强烈；反光同样对应暗部，主要因接受周围环境对光源反射的影响而产生，通常比亮部中最深的颜色要深。

除此之外，物体在接受光线照射后，还会在周围环境上显示投影。投影在接近物体的一侧表现更清晰，颜色也更深，根据物体形状的不同，在环境上投射出由深到浅、由清晰到模糊的渐变，如下图所示。

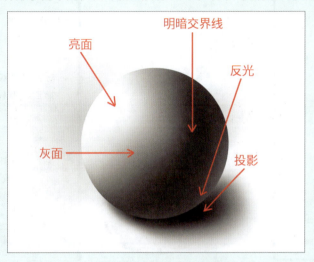

在使用SAI对图像进行上色时，不同的上色方法可以让图像具备不同的上色风格，但无论是哪种上色方法，最终都离不开对三大面五大调的使用。学习使用三大面五大调的知识，可以使绘画变得更加轻松，对各种技巧的理解和掌握也会更加容易。

上机实训：临摹"樱桃"图像

通过对本章内容的学习，读者已经熟悉和掌握了图层的特殊效果和混合模式，下面将以为"樱桃"图像上色为例，进一步巩固本章所学的知识。

步骤01 按下Ctrl+O组合键，从文件夹中选择"樱桃.png"图像文件，单击OK按钮打开。在"工具"面板中选择"魔棒工具"❶，设置"选区取样模式"为"色差范围内的区域""色差范围"为±20、"防止溢出范围"为100px❷，单击画布上的樱桃主体部分❸，如右图所示。

步骤 02 按下Ctrl+C组合键复制所选区域，并按下Ctrl+V组合键将所复制的图像创建为新图层，如下左图所示。

步骤 03 在"图层"面板中单击"创建一个新图层"按钮①，在"图层2"的上方创建一个新的图层，并单击"创建剪贴蒙版"按钮②，将新创建的"图层3"设置为"图层2"的剪贴蒙版图层，如下右图所示。

步骤 04 在"工具"面板中选择"画笔"工具①，设置"画笔大小"为300、"最小大小"为35%、"画笔浓度"为100、"最小浓度"为100%、"水分量"为70②，如下左图所示。

步骤 05 在"色"面板的"RGB滑块"区域设置"R"值为150、"G"值为013、"B"值为002，如下右图所示。

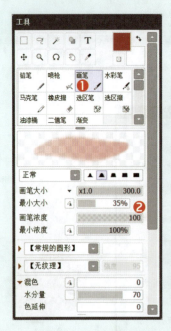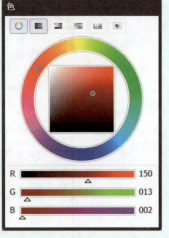

步骤 06 在"图层"面板中选中"图层3"①，按照画布左侧的实物图所示，在画布右侧的相应位置绘制樱桃的暗部②。

步骤 07 在"色"面板的"RGB滑块"区域中，设置"R"值为125、"G"值为0、"B"值为0，如下左图所示。

步骤 08 重复步骤06，继续在画布右侧的相应位置绘制樱桃的暗部，如下右图所示。

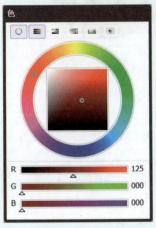

步骤 09 在"工具"面板中选择"水彩笔"工具 ❶，设置"散焦"为5、"画笔大小"为200、"最小大小"为50%、"画笔浓度"为40、"最小浓度"为0、"混色"为20、"水分量"为40、"色延伸"为0❷，混合方才绘制的暗部上的颜色❸，如右图所示。

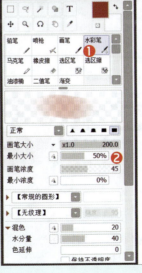

步骤 10 在"色"面板的"RGB滑块"区域中，设置"R"值为166、"G"值为043、"B"值为039❶；重复步骤03，在"图层3"上方新建"图层4"❷，将"图层4"设置为"图层2"的剪贴蒙版❸，并在"工具"面板中选中"画笔"工具❹，在"图层4"上修改樱桃暗部的边缘❺，如下图所示。

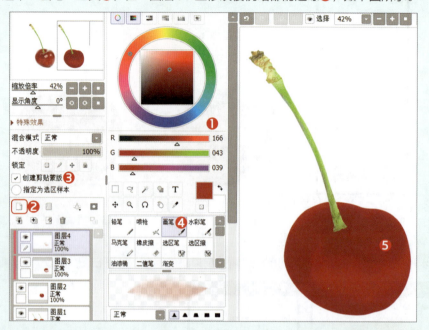

步骤 11 在"色"面板的"RGB滑块"区域设置"R"值为230、"G"值为220、"B"值为215❶；在"工具"面板中选择"铅笔"工具❷，设置"散焦"为5、"画笔大小"为50、"最小大小"为0%、"画笔浓度"为90❸；之后重复步骤03，在"图层4"上方新建"图层5"❹，并将"图层5"图层设置为"图层2"的剪贴蒙版❺，按照画布左侧的实物图所示，在画布右侧的相应位置绘制樱桃上部的反光面❻，如下图所示。

步骤 12 在"工具"面板中选择"画笔"工具❶，设置"散焦"为5、"画笔大小"为200、"最小大小"为0%、"画笔浓度"为50、"最小浓度"为100%❷，继续在画布右侧绘制樱桃下部的反光面，并修饰樱桃上部的轮廓❸，如下图所示。

步骤13 在"色"面板的"RGB滑块"区域中，设置"R"值为134、"G"值为008、"B"值为005❶；在"工具"面板中设置"画笔"工具的参数，设置"画笔大小"为200、"最小大小"为10%、"画笔浓度"为50、"最小浓度"为100%❷，单击"最小浓度"下方的折叠按钮，选择画笔形状为"水彩洇染"❸，并设置"浓度"为100❹，单击画笔形状下方的折叠按钮，选择画笔纹理为"画用纸"❺，并设置"强度"为100❻；重复步骤03，在"图层5"图层上方新建"图层6"图层❼，并将"图层6"图层设置为"图层2"图层的剪贴蒙版❽，在画布上修饰樱桃反光面上半部分的边界❾，如下图所示。

步骤14 重复步骤03，在"图层6"图层上方新建"图层7"❶，并将"图层7"图层设置为"图层2"图层的剪贴蒙版❷；在"色"面板的"RGB滑块"区域中，设置"R"值为166、"G"值为040、"B"值为040❸；在"工具"面板中选择"喷枪"工具❹，设置"散焦"为1、"画笔大小"为250、"最小大小"为50%、"画笔浓度"为30、"最小浓度"为0%❺，单击"最小浓度"下方的折叠按钮，选择画笔形状为"渗化和杂色"❻，设置"强度"为100❼，继续在画布上修饰樱桃的反光面❽，如下图所示。

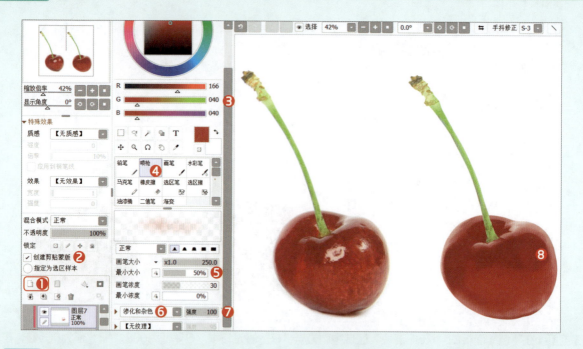

步骤15 重复步骤03，在"图层7"上方新建"图层8"，并将"图层8"设置为"图层2"的剪贴蒙版；在"色"面板的"RGB滑块"区域中，设置"R"值为230、"G"值为200、"B"值为200；在"工具"面板中设置"喷枪"工具的"画笔大小"为100、"画笔浓度"为100，在画布上涂抹高光所在的位置，如下左图所示。

步骤16 在"工具"面板中设置"喷枪"工具的"画笔大小"为20，细化高光部分，如下中图所示。

步骤17 在"工具"面板中设置"喷枪"工具的"画笔浓度"为50，继续细化高光部分，如下右图所示。

步骤18 在"色"面板的"RGB滑块"区域中，设置"R"值为255、"G"值为255、"B"值为255；在"工具"面板中选择"铅笔"工具，设置"散焦"为1、"画笔大小"为50、"最小大小"为0%、"画笔浓度"为30，继续细化高光部分，如下左图所示。

步骤19 在"图层"面板中选中除"图层1"之外的所有图层❶，单击"合并所选图层"按钮❷，合并所选的图层，如下中图所示。

步骤 20 在 "图层" 面板中，设置所合并的 "图层2" 的 "质感" 为 "水彩2" "强度" 为30、"倍率" 为90%，如下右图所示。

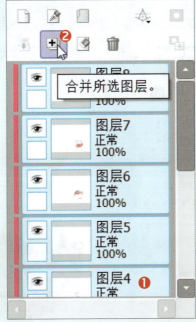

步骤 21 在 "色" 面板的 "RGB滑块" 区域设置 "R" 值为125、"G" 值为0、"B" 值为0；在 "工具" 面板中选择 "画笔" 工具，设置 "画笔大小" 为100、"最小大小" 为0%、"画笔浓度" 为100；重复步骤03，在 "图层2" 上方新建 "图层9"，将 "图层9" 设置为 "图层2" 的剪贴蒙版，继续细化樱桃的高光，如下左图所示。

步骤 22 在 "色" 面板的 "RGB滑块" 区域设置 "R" 值为170、"G" 值为0、"B" 值为0；重复步骤03，在 "图层9" 上方新建 "图层10"，将 "图层10" 设置为 "图层2" 的剪贴蒙版，灵活变化 "画笔" 工具的大小，继续细化樱桃的细节，如下右图所示。

步骤23 在"色"面板的"RGB滑块"区域设置"R"值为0、"G"值为0、"B"值为0❶；在"工具"面板中选择"喷枪"工具❷，设置"画笔大小"为160、"最小大小"为50%、"画笔浓度"为50，"最小浓度"为0%❸；重复步骤03，在"图层10"上方新建"图层11"图层❹，将"图层11"设置为"图层2"的剪贴蒙版❺，并设置"图层11"的"质感"为"水彩2"、其"强度"为100、"倍率"为500%❻，设置"混合模式"为"正片叠底"❼、"不透明度"为40%，继续细化樱桃的细节❽，如下图所示。

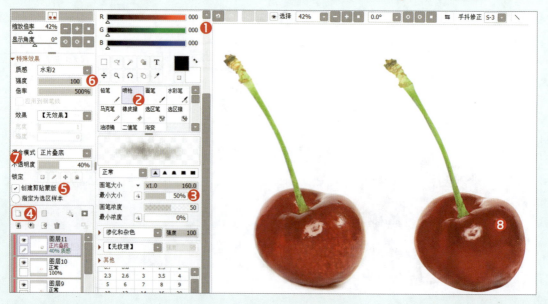

步骤24 在"色"面板的"RGB滑块"区域设置"R"值为255、"G"值为255、"B"值为255❶；在"工具"面板中选择"画笔"工具❷，设置"画笔大小"为100、"最小大小"为10%、"画笔浓度"为20，"最小浓度"为100%❸；重复步骤03，在"图层11"上方新建"图层12"图层❹，将"图层12"设置为"图层2"的剪贴蒙版❺，并设置"图层12"的"质感"为"水彩2"、其"强度"为100、"倍率"为100%❻，设置"混合模式"为"加深/减淡"❼、"不透明度"为100%，为樱桃增加浅色的斑点❽，如下图所示。

步骤 25 在"工具"面板中选择"铅笔"工具，设置"画笔大小"为10、"最小大小"为0%、"画笔浓度"为45；重复步骤03，在"图层12"上方新建"图层13"，将"图层13"设置为"图层2"的剪贴蒙版，继续细化樱桃的细节，如下左图所示。

步骤 26 在"色"面板的"RGB滑块"区域设置"R"值为0、"G"值为0、"B"值为0；在"工具"面板中选择"画笔"工具，重复步骤03，在"图层13"上方新建"图层14"，并设置"图层14"的"质感"为"水彩2"、其"强度"为100、"倍率"为100%，设置"混合模式"为"正片叠底"、其"不透明度"为30%，为樱桃增添深色的斑点，如下中图所示。

步骤 27 在"图层"面板中选中"图层1"，单击"创建一个新图层"按钮，在"图层1"上方创建一个新图层；在"色"面板的"RGB滑块"区域设置"R"值为82、"G"值为0、"B"值为0；在"工具"面板中选择"喷枪"工具，设置"画笔大小"为50、"最小大小"为50%、"画笔浓度"为100、"最小浓度"为0%、"画笔形状"为"常规的圆形"，在樱桃下方绘制阴影，如下右图所示。

步骤 28 樱桃图像临摹完毕，其前后对比如下图所示。

课后练习

1. 选择题（部分多选）

（1）正常模式组包括的混合模式有_____。

    A. 正常模式   B. 穿透模式

    C. 正片叠底模式   D. 叠加模式

（2）SAI的特殊效果主要有_____。

    A. 质感   B. 纹理

    C. 滤镜   D. 效果

（3）SAI中的效果包括_____。

    A. 无效果   B. 效果

    C. 水彩边界   D. 描边

2. 填空题

（1）"混合模式"可以用于_____，使图像呈现出特殊的效果。

（2）明暗模式组包含_____、_____和_____三种混合模式 。

（3）"颜色二值化"将会使彩色图像转换为_____。

3. 上机题

    练习临摹樱桃的梗，步骤大致如下图所示。

> **操作提示**
>
> （1）利用图层的特殊效果为图像添加质感；
>
> （2）使用剪贴蒙版限制图像绘制的范围。

Part 02

综合案例篇

学习完基础知识部分后，下面将以案例的形式对零散的知识点进行灵活运用并串联，从而创造出内容更加丰富、风格更加独特的作品。综合案例篇共包含三章内容，对使用SAI绘制图像的几种热门风格进行详细讲解，在巩固基本知识的同时，让读者能够根据具体操作步骤体验该软件在实际绘画上的具体应用。

Chapter **08** 绘制星空背景

本章概述

学习完基础知识篇的内容，读者已经基本掌握了使用SAI绘制图像的方法。本章将综合前面所学的知识绘制星空背景，包括使用特殊的绘画工具为图像增添效果、为绘画工具设置画笔形状绘制特殊纹理等。通过对本章的学习，读者可以根据自己的审美绘制出不同的星空作品。

核心知识点

❶ 掌握渐变工具的应用
❷ 掌握散布工具的应用
❸ 熟悉画笔工具的设置
❹ 掌握图层混合模式的应用

8.1 绘制群山和夜空

绘制星空背景，首先需要对夜空进行绘制。为了避免画面太过单薄，我们可以在夜空下添加群山等元素。本节将对群山和夜空的绘制进行详细介绍。

步骤 01 在菜单栏中执行"文件>新建"命令，或按下Ctrl+N组合键，在打开的"新建画布"对话框中设置"文件名"为星空、"高度"为1920、"宽度"为1080、"打印分辨率"为96❶，单击OK按钮❷创建文件，如下左图所示。

步骤 02 在"工具"面板中设置前景色为# 0E3374、背景色为# 00002C，选择"渐变"工具，设置"形状"为"直线""渐变"工具的"色"为"前景色到背景色"，勾选"S字曲线变化颜色"复选框，在画布上从下至上地绘制渐变，如下右图所示。

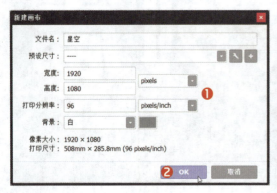

步骤 03 在"工具"面板中设置前景色为# 02030A，设置"渐变"工具的"色"为"前景色到透明色"，在画布上从下至上地绘制渐变，如右图所示。

步骤 04 在"图层"面板中单击"创建一个新图层"按钮，在"图层1"上方新建"图层2"，设置"图层2"的"混合模式"为"发光"，在"工具"面板中设置前景色为#06918C，选择"喷枪"工具，设置"喷枪"工具的散焦为1、"画笔大小"为600、"最小大小"为50%、"画笔浓度"为17、"最小浓度"为0%，设置画笔纹理为【纸张质感】、"强度"为100，在画布上绘制颜色，如下左图所示。

步骤 05 在"工具"面板中选择"水彩笔"工具，设置散焦为5、"画笔大小"为600、"最小大小"为40%、"画笔浓度"为26、"最小浓度"为100%，设置"混色"为100、"水分量"为100、"色延伸"为60、"模糊笔压"为0%，在画布上模糊方才所绘制的色彩，如下右图所示。

步骤 06 在"工具"面板中选择"橡皮擦"工具，设置散焦为1、"画笔大小"为700、"最小大小"为100%、"画笔浓度"为74、"最小浓度"为0%，在画布上对"图层2"上所包含的图像的下半部分进行适当擦除，如下左图所示。

步骤 07 在"图层"面板中单击"创建一个新图层"按钮，在"图层2"上方新建"图层3"，在"工具"面板中设置前景色为# 00002C，选择"铅笔"工具，设置散焦为5、"画笔大小"为9、"最小大小"为0%、"画笔浓度"为100、"最小浓度"为100%，在画布上绘制山的轮廓，并使用"油漆桶"工具进行填充，如下右图所示。

步骤 08 在"图层"面板中单击"创建一个新图层"按钮，在"图层3"上方新建"图层4"，在"工具"面板中设置前景色为# 02030A，选择"铅笔"工具，在画布上绘制山的轮廓，并使用"油漆桶"工具进行填充，如右图所示。

8.2 绘制发光的银河

夜空绘制完毕后，我们需要在画面中绘制发光的银河。为画笔设置不同的形状，结合图层的混合模式，可以更方便地得到所需的绘画效果。本节将详细介绍发光的银河的绘制方式。

步骤 01 在"图层"面板中单击"创建一个新图层"按钮，在"图层2"上方新建"图层5"，并设置"图层5"的"混合模式"为"滤色"。在"工具"面板中设置前景色为# 1F689D，选择"画笔"工具，设置散焦为5、"画笔大小"为700、"最小大小"为0%、"画笔浓度"为100、"最小浓度"为100%，设置画笔的形状为"渗化"、其"强度"为100、"倍率"为100%，勾选"翻转浓淡"复选框、"透明色时翻转浓淡"复选框和"清晰洇染"复选框，设置"混色"为35、"水分量"为15、"色延伸"为20、"模糊笔压"为23%，在画布上进行绘制，如下左图所示。

步骤 02 在"工具"面板中选择"水彩笔"工具，设置散焦为1、"画笔大小"为600、"最小大小"为40%、"画笔浓度"为26、"最小浓度"为100%，设置"混色"为100、"水分量"为100、"色延伸"为60，模糊方才所绘制的图像的边缘，如下右图所示。

步骤 03 在"图层"面板中单击"创建一个新图层"按钮，在"图层5"上方新建"图层6"，并设置"图层6"的"混合模式"为"发光"，在"工具"面板中选择"画笔"工具，在画布上进行绘制，并使用透明色修改多余的部分，如下左图所示。

步骤 04 在"图层"面板中单击"创建一个新图层"按钮，在"图层6"上方新建"图层7"，并设置"图层7"的"混合模式"为"滤色"，在"工具"面板中设置前景色为#5CCCE6，选择"画笔"工具在画布上进行绘制，并重复步骤02，模糊所绘制图像的边缘，如下右图所示。

步骤 05 在"图层"面板中单击"创建一个新图层"按钮，在"图层7"上方新建"图层8"，并设置"图层8"的"混合模式"为"发光"，在"工具"面板中选择"画笔"工具，在画布上进行绘制，并使用透明色修改多余部分，如下左图所示。

步骤 06 在"图层"面板中单击"创建一个新图层"按钮，在"图层8"上方新建"图层9"，在"工具"面板中设置前景色为#FFFFFF，使用"画笔"工具在画布上进行绘制，如下右图所示。

8.3 绘制繁星

发光的银河绘制完成后，我们需要为夜空和银河增添繁星。使用"散布"工具可以方便快捷地绘制繁星，本节将详细介绍繁星的绘制方式。

步骤 01 在"图层"面板中单击"创建一个新图层"按钮，在"图层9"上方新建"图层10"，并设置其"混合模式"为"强光"。在"工具"面板中设置前景色为#FFFFFF，选择"散布"工具，设置"绘画模式"为"叠加"、其"硬度"为100%、"画笔大小"为30、"最小大小"为50%、"画笔浓度"为100、"最小浓度"为0%。设置散布的图案为【常规的圆形】、其"角度控制"为"无"、"角度"为0°、"角度抖动"为0%、"倍率"为80%、"大小抖动"为80%、"间距"为200%、"散布"为200%，设置"W:H"为100:100、"WH抖动"为0%、"数"为1、"计数抖"为100%，勾选"往全方向散布"和"高斯分布"复选框，设置"前景色到背景色抖动"为40%、"色相抖动"为15%、"饱和度抖动"为30%、"明度抖动"为25%，勾选"应用到每一个形状"单选按钮，在画布上绘制星星，如下左图所示。

步骤 02 在"图层"面板中单击"创建一个新图层"按钮，在"图层10"上方新建"图层11"，设置"散布"工具的"画笔大小"为10、"前景色到背景色抖动"为0%，在画布上绘制更多星星，如下右图所示。

步骤 03 在"工具"面板中的参数设置区域中设置"色相抖动"为0%、"饱和度抖动"为0%、"明度抖动"为0%，设置"画笔大小"为30，在画布上绘制稍大一些的星星，如下左图所示。

步骤 04 在"图层"面板中单击"创建一个新图层"按钮，在"图层8"上方新建"图层12"，在"工具"面板中设置前景色为# AD97A0，选择"喷枪"工具，设置散焦为1、"画笔大小"为600、"最小大小"为50%、"画笔浓度"为17、"最小浓度"为0%、画笔纹理为【纸张质感】、"强度"为100，在山体上方绘制光晕，如下右图所示。

步骤 05 在"工具"面板中设置前景色为#0085A3，使用"喷枪"工具，在星空中段绘制蓝色光晕，如下左图所示。

步骤 06 在"工具"面板中设置前景色为#000000，使用"喷枪"工具，在星空上段增添一些黑色，如下右图所示。

步骤 07 在"图层"面板中单击"创建一个新图层"按钮，在"图层11"上方新建"图层13"，在"工具"面板中设置前景色为# 00002C，选择画笔工具灵活变化画笔大小，绘制银河中深色的部分，如下左图所示。

步骤 08 在"工具"面板中设置前景色为#FFFFFF，选择"铅笔"工具，设置散焦为5、"画笔大小"为15、"最小大小"为0、"画笔浓度"为100、"最小浓度"为100%，在快捷栏中单击"切换为直线绘图模式"按钮，在画布上绘制流星，如下右图所示。

8.4 调整颜色和细节

　　星空背景基本绘制完成后，我们还需要对图像进行最后的调整。使用滤镜或调整图层都可对图像的颜色进行调整，调整完成之后，再根据图像的效果决定是否增加细节或修改瑕疵。本节将详细介绍如何对绘制完成后的星空背景图像进行颜色和细节调整。

步骤 01 在"图层"面板中选中所有图层，单击"创建一个新图层组"按钮❶，将所有图层都收入图层组中。选中所创建的"图层组1"图层组❷，如下左图所示。

步骤 02 在菜单栏中执行"图层>复制图层"命令，复制"图层组1"图层组，选中被复制出的"图层组1（2）"图层组，单击"图层"面板中的"合并所选图层"按钮❶，将组合并为图层❷，如下右图所示。

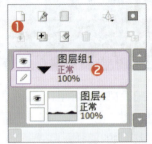
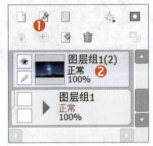

步骤 03 在"工具"面板中选择"水彩笔"工具，在"图层"面板中选中"图层组1（2）"图层，对银河的边界稍作模糊，如下图所示。

步骤 04 在"图层"面板中单击"创建一个新图层"按钮，在"图层组1（2）"图层上方新建"图层15"，在"工具"面板中选择"散布"工具，分别设置"画笔大小"为9和20，在画布上补充繁星，如下图所示。

步骤 05 在"图层"面板中单击"合并所选图层"按钮，合并"图层15"和"图层组1（2）"图层。在菜单栏中执行"滤镜>色调调整>色相/饱和度"命令，在弹出的"色相/饱和度"对话框中设置"色相"为+5，单击OK按钮进行确定，如下图所示。

步骤 06 在"图层"面板中单击"创建一个新图层"按钮，在"图层组1（2）"图层上方新建"图层15"，设置"图层15"的"混合模式"为"减淡"、其"不透明度"为60%，在"工具"面板中选择"喷枪"工具，在山体上方绘制光晕，并使用"橡皮擦"工具擦除多余的部分。星空背景调整完成，最终效果如下图所示。

Chapter 09 绘制厚涂风格人物头像

本章概述

本章主要介绍运用画笔、水彩笔等工具进行厚涂风格人物头像的绘制。通过对本章的学习，用户可以了解到厚涂风格作品绘制的具体过程，并进一步掌握绘画工具的参数设置，举一反三地绘制出更加成熟的作品。

核心知识点

1. 了解普通图层工具的定义
2. 掌握画笔大小与浓度的设置
3. 掌握画笔形状与纹理的设置
4. 了解混色的设置与应用

9.1 配色和铺色

绘制厚涂风格的作品时，通常需要注意颜色与光影的关系，以便为作品增强空间感和立体感。在对作品进行最基本的配色和铺色时，可以先在画布上绘制基本的草稿或线稿，也可以直接以色块进行起稿。下面以为人物头像线稿进行配色和铺色为例，对此进行详细的讲解。

步骤01 按下Ctrl+O快捷键，在"打开画布"对话框中选择"头像.png"图像文件，单击OK按钮进行打开，在菜单栏中执行"图像>画布背景>透明（白）"命令，将线稿的背景设置为白色，并在"工具"面板中选择移动工具，将线稿拖曳到合适的位置，如下左图所示。

步骤02 在"工具"面板中设置前景色为#000000，选择"画笔"工具，设置散焦为5、"画笔大小"为20、"最小大小"为0、"画笔浓度"为100、"最小浓度"为100%，设置画笔纹理为【纸张质感】、"强度"为50、"混色"为15、"水分量"为35、"色延伸"为15，在画布上绘制线条，如下右图所示。

步骤03 在"图层"面板单击"创建一个新图层组"按钮，将"图层1"置入新创建的 "图层组1"中。单击"创建一个新图层"按钮，新建"图层2"，并将"图层2"拖曳到"图层组1"的下方。在"工具"面板中设置前景色为#F7E6E2，选择"铅笔"工具，设置散焦为5、"画笔大小"为100、"最小大小"为0%、"画笔浓度"0%、"最小浓度"为100%，在画布上绘制人物的皮肤，如下左图所示。

步骤04 在"工具"面板中设置前景色为#F7E6B9，使用"铅笔"工具，在画布上绘制人物的头发，如下右图所示。

步骤05 在菜单栏中执行"滤镜>色调调整>色相/饱和度"命令，在弹出的"色相/饱和度"对话框中设置"色相"为–15、"饱和度"为+15、"明度"为+30，单击OK按钮进行确定，如下左图所示。

步骤06 在"图层"面板中单击"创建一个新图层"按钮，在"图层组1"上新建"图层3"，并将"图层3"设置为"图层组1"的剪贴蒙版。在"工具"面板中设置前景色为#832511，选择"喷枪"工具，设置散焦为1、"画笔大小"为600、"最小大小"为50%、"画笔浓度"为17、"最小浓度"为0%，设置画笔纹理为【纸张质感】、"强度"为100，在画布上填充色彩，如下右图所示。

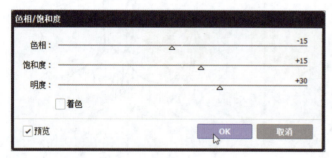

步骤07 在"工具"面板中设置前景色为#EDD0CB，选择"铅笔"工具，设置"画笔大小"为100，在画布上进行绘制，遮盖人物的五官线条，如下左图所示。

步骤08 在"图层"面板中单击"创建一个新图层"按钮，在"图层3"上新建"图层4"，在"工具"面板中设置前景色为#832511，选择"画笔"工具，设置散焦为5、"画笔大小"为20、"最小大小"为0、"画笔浓度"为100、"最小浓度"为100%，设置"混色"为26、"水分量"为14、"色延伸"为60，在画布上描绘人物面部的轮廓，如下中图所示。

步骤09 在"图层"面板中的"图层4"下方新建"图层5"，在"工具"面板中设置前景色为#FFFFFF，使用画笔工具，在画布上绘制人物的眼白，如下右图所示。

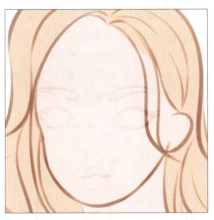

步骤10 在"图层"面板中选择"图层4"，在"工具"面板中设置前景色为#FAE3CE，使用"铅笔"工具，在画布上绘制人物的瞳孔。设置前景色为#9E5344，为人物的瞳孔和口鼻描边，如下左图所示。

步骤11 在"图层"面板中选择"图层5"，在"工具"面板中设置前景色为# A43B29，选择"画笔"工具，在画布上绘制人物的嘴唇，如下右图所示。

步骤12 在"图层"面板中的"图层4"上方新建"图层6"，在"工具"面板中设置"画笔"工具的散焦为3、"画笔大小"为67、"最小大小"为0%、"混色"为26、"水分量"为60、"色延伸"为60，在画布上进行绘制，如下左图所示。

步骤13 在"工具"面板中选择"水彩笔"工具，设置散焦为1、"画笔大小"为80、"最小大小"为0%、"画笔浓度"为100、"最小浓度"为100%，设置"混色"为100、"水分量"为100、"色延伸"为67，在画布上模糊眼睛边缘，如下右图所示。

步骤 14 在"工具"面板中设置前景色为# 832404，选择"画笔"工具，设置散焦为1、"混色"为26、"水分量"为15、"色延伸"为0，继续加深眼睛下边缘的颜色，如下左图所示。

步骤 15 在"工具"面板中设置"画笔"工具的散焦为3、"水分量"为0，绘制脖子的阴影，并使用"水彩笔"工具，将阴影的颜色晕染均匀，如下中图所示。

步骤 16 在"图层"面板中的"图层2"上方新建"图层7"，在"工具"面板中设置前景色为# EB6BC2，设置"画笔"工具的散焦为1、"画笔大小"为36、"最小大小"为18%、"画笔浓度"为100、"最小浓度"为100，在画布上绘制人物皮肤的浅色阴影，如下右图所示。

步骤 17 在"工具"面板中设置"画笔"工具的"画笔大小"为300、"最小大小"为30%。"混色"为25，在画布上绘制人物面部的红晕，如下左图所示。

步骤 18 在"图层"面板中的"图层7"上方新建"图层8"，并将"图层8"的"混合模式"设置为"发光"，在"工具"面板中设置"画笔"工具的"画笔大小"为18、"混色"为25、"水分量"为87，在画布上绘制人物面部的高光，如下右图所示。

步骤 19 在"图层"面板中的"图层8"上方新建"图层9"，并将"图层9"的"混合模式"设置为"阴影"，在"工具"面板中设置前景色为##A23A1B，设置"画笔"工具的散焦为5、"画笔大小"为70、"最小大小"为13%、"混色"为25、"水分量"为67，在画布上绘制人物头发的阴影，如右图所示。

9.2 细化图像

对图像的基本铺色完成之后，接下来我们需要对图像的细节部分进行进一步的细化和处理。创建更多的图层可以帮助我们更好地细化图像的细节，下面将详细讲解如何进一步细化图像。

步骤 01 在"工具"面板中设置前景色为#852607，设置"画笔"工具的散焦为1、"画笔大小"为70、"最小大小"为13%，在画布为嘴唇添加阴影，如下左图所示。

步骤 02 在"图层"面板中新建"图层10"，在"工具"面板中设置"画笔"工具的"最小大小"为30%，为人物的眼皮增加阴影，如下右图所示。

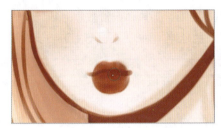

步骤 03 在"工具"面板中设置"画笔"工具的"水分量"为13，继续为人物的眼皮绘制阴影，如下左图所示。

步骤 04 在"图层"面板中新建"图层11"，并设置"混合模式"为"发光"、其"效果"为"水彩边界"、其"宽度"为2、"强度"为100，在"工具"面板中设置前景色为#F6E5DA，设置"画笔"工具的散焦为4、"画笔大小"为40、"混色"为0、"水分量"为75，在画布上绘制眼皮的形状，如下右图所示。

步骤 05 在"图层"面板中新建"图层12"，在"工具"面板中设置前景色为#F6E5DA，设置"画笔"工具的"画笔大小"为11、"最小大小"为0%，加深眼窝的褶皱，如下左图所示。

步骤 06 在"图层"面板中选择"图层6"图层，在"工具"面板中设置前景色为# EBCFC2，选择"铅笔"工具，设置散焦为5、"画笔大小"为100、"最小大小"为0%，在画布上细化人物的眼窝，如下右图所示。

步骤 07 在"图层"面板中选择"图层10"，在"工具"面板中设置前景色为#A43C1C，选择"喷枪"工具，设置散焦为1、"画笔大小"为15、"最小大小"为50%、"画笔浓度"为65、"最小浓度"为0%，继续细化人物的眼窝，并为人物眉毛下方添加阴影，如下左图所示。

步骤 08 在"工具"面板中设置前景色为#EBCFC2，使用"喷枪"工具遮盖眼窝和眉毛之间的边际，如下右图所示。

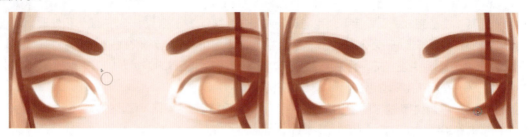

步骤 09 在"工具"面板中设置前景色为#A43B1E，选择"画笔"工具，设置散焦为1、"画笔大小"为300、"最小大小"为50%、"混色"为0、"水分量"为75、"色延伸"为0，在画布上进一步绘制人物面部的红晕，如下左图所示。

步骤 10 在"图层"面板中的"图层12"上方新建"图层13"，并设置"图层13"的"不透明度"为60%，在"工具"面板中设置"画笔"工具的"画笔大小"为54、"最小大小"为13%、"水分量"为28，在画布上绘制人物鼻子的阴影，并使用"水彩笔"工具晕染阴影，如下右图所示。

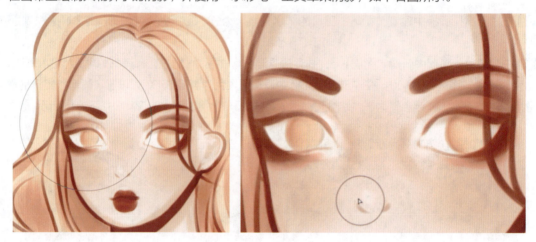

步骤 11 在"工具"面板中设置前景色为#B06F51，重复步骤10，绘制出鼻子的轮廓，如下左图所示。

步骤 12 在"工具"面板中设置前景色为#842505，设置"画笔"工具的散焦为5、"画笔大小"为7、"最小大小"为0%、"水分量"为40，继续细化鼻翼和鼻孔的轮廓，并使用透明色修改多余的部分，如下右图所示。

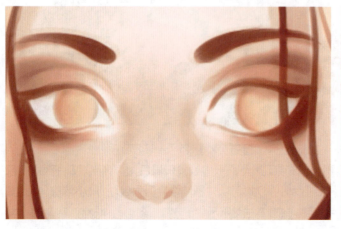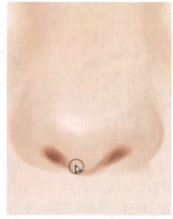

9.3　修正绘制过程中的失误

　　在绘制图像的过程中，有时难免会出现失误，对相应图层上的图像进行修改，或使用颜色进行叠加遮盖，可以有效修正这种失误，并进一步细化细节。本节将对此进行详细介绍。

步骤 01 在"图层"面板中选择"图层5"，在"工具"面板中设置前景色为#A23F1E，设置"画笔"工具的"画笔大小"为50、"最小大小"为0%、"水分量"为7，在画布上对人物嘴唇的形状进行补充绘制，如下左图所示。

步骤 02 在"图层"面板中选择"图层4"，在"工具"面板中设置前景色为#852607，设置"画笔"工具的"画笔大小"为20，结合使用透明色，在画布上细化修改人物的唇线，如下右图所示。

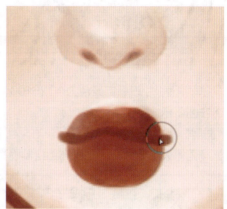

步骤 03 在"图层"面板中选中"图层13"和"图层14"，按下Ctrl+T组合键，对人物的鼻子进行适当的变形，使鼻子的形状和位置更加自然，如下左图所示。

步骤 04 按Enter键确认变形的结果，在"图层"面板中的"图层14"上方新建"图层15"，在"工具"面板中设置前景色为#B06F51，选择"画笔"工具，设置散焦为1、"画笔大小"为50、"最小大小"为20%，为人物的鼻梁添加阴影，如下右图所示。

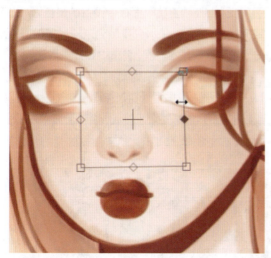

步骤 05 在"图层"面板中的"图层15"上方新建"图层16"，并设置"混合模式"为"发光"，在"工具"面板中设置前景色为#F6E5DA，设置"画笔"工具的散焦为5、"画笔大小"为16，在画布上绘制人物嘴唇的高光，如下左图所示。

步骤 06 在"图层"面板中的"图层16"上方新建"图层17"，在"工具"面板中设置前景色为#842505，设置"画笔"工具的散焦为2、"画笔大小"为16，在画布上绘制人物嘴唇的阴影，如下右图所示。

步骤 07 在"工具"面板中设置前景色为#C26100，在画布上绘制人物瞳孔的形状，并使用水彩笔工具进行晕染，如下左图所示。

步骤 08 在"图层"面板中选择"图层16"，在"工具"面板中设置前景色为#B17053，设置"画笔"工具的散焦为2、"画笔大小"为47，在画布上绘制瞳孔的高光，如下右图所示。

步骤 09 在"工具"面板中设置前景色为#A23F1E，在画布上绘制人物的右耳，并从右耳上吸取颜色，补画人物的左耳，如下左图所示。

步骤 10 在"图层"面板中的"图层17"上方新建"图层18"，在"工具"面板中设置前景色为#300800，设置"画笔"工具的散焦为5、"画笔大小"为10、"最小大小"为0、"水分量"为20，在画布上绘制人物的睫毛，如下右图所示。

步骤 11 在"图层"面板中的"图层18"上方新建"图层19"，并设置"不透明度"为75%，在"工具"面板中设置前景色为#F9DEC8，设置"画笔大小"为43，补充与面部叠加的刘海的颜色，如下左图所示。

步骤12 在"图层"面板中选择"图层3"图层，在"工具"面板中设置前景色为#DCB786，选择"喷枪"工具，设置"画笔大小"为700、"最小大小"为50%、"画笔大小"为65、"最小浓度"为0%，在画布上修改人物头发边缘的线条颜色，如下右图所示。

步骤13 在"图层"面板中选中所有图层，单击"创建一个新图层组"按钮，将所有图层收入新创建的"图层组2"中。在菜单栏中执行"图层>复制图层"命令，在"图层"面板中单击"合并所选图层"按钮，合并"图层组2（2）"图层组，按下Ctrl+T组合键，对图像进行变形，如下左图所示。

步骤14 按Enter键确认变形结果，在"工具"面板中选择套索工具，在嘴唇周边大致绘制选区，按下Ctrl+T组合键对嘴唇的形状和位置进行变形，按Enter键确认变形结果，并在"工具"面板中选择"水彩笔"工具，设置"画笔大小"为50、"最小大小"为0%，修补因变形而出现的空白区域，如下右图所示。

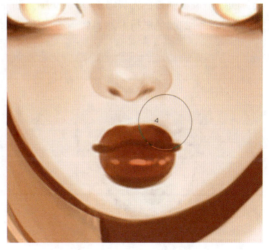

步骤15 在"工具"面板中选择"铅笔"工具，单击鼠标右键或压感笔下键就地吸取所需修改位置的颜色，对人物的脸型进行修改，并使用"水彩笔"工具让颜色过渡更加均匀，如下左图所示。

步骤16 在菜单栏中执行"滤镜>颜色调整>色相/饱和度"命令，设置"色相"为0、"饱和度"为+15、"明度"为+10，单击OK按钮进行确定，对图像整体的颜色进行调整，如下中图所示。

步骤17 在"图层"面板中的"图层组2（2）"上方新建"图层21"，在"工具"面板中设置前景色为#2F0800，选择"画笔"工具，设置"画笔大小"为16、"最小大小"为0%、"水分量"为23，补充细化眼睛的轮廓，如下右图所示。

9.4 为头像添加细节装饰

图像基本绘制完成后，接下来我们需要为头像添加更多细节装饰。为图层设置"发光"混合模式可以让图像的效果更加梦幻绚丽，本节将详细讲解如何为头像添加细节装饰。

步骤 01 在"图层"面板中的"图层21"上方新建"图层22"，并设置"混合模式"为"发光"，在"工具"面板中设置前景色为#FCE3CC，选择"铅笔"工具，设置散焦为5、"画笔大小"为1、"最小大小"为0、"画笔浓度"为57、"最小浓度"为100%，在画布上绘制发光的发丝，如下左图所示。

步骤 02 在菜单栏中执行"图层>复制图层"命令，复制"图层22"，将"图层22（2）"拖曳至"图层22"的下方，在"图层22（2）"上方新建"图层23"，并将"图层23"设置为"图层22"的剪贴蒙版。在"工具"面板中设置前景色为#832404，使用"油漆桶"工具对画布进行填充，并选择橡皮擦工具，对和头发主体叠加部分的颜色进行擦除，如下右图所示。

步骤 03 在"图层"面板中选中"图层22"，在"工具"面板中设置前景色为#FFFFFF，选择"铅笔"工具，设置"画笔大小"为30，为人物瞳孔和嘴唇增强绘制高光，如下左图所示。

步骤 04 在"图层"面板中选中处"图层组2"之外的所有图层，单击"创建一个新图层组"按钮，将图层收入组中。选中"图层组3"，按下Ctrl+T组合键旋转并移动图像在画布中的位置，如下右图所示。

步骤 05 在"图层"面板中的"图层组3"上新建"图层24"，并设置混合模式为发光，在"工具"面板中设置前景色为#EAC9BC，选择"散布"工具，设置绘画模式为"叠加"、其"硬度"为100%、"最小大小"为50%、"画笔浓度"为100、"最小浓度"为0%，设置散布的图案为【常规的圆形】、"角度控制"为"无"、其中"角度"为-180、"角度抖动"为0%、"倍率"为80%、"大小抖动"为100%、"间距"为200%、"散布"为200%、W:H为100:100、"WH抖动"为0%、"色相抖动"为34%、"饱和度抖动"为47%、"明度抖动"为0%，勾选"往全方向散布""高斯分布""应用到每一个形状"复选框，灵活变化画笔大小，在图像上绘制散落的圆点，如下左图所示。

步骤 06 在"图层"面板中的"图层24"上方新建"图层25"，并设置"混合模式"为"正片叠底"，在"工具"面板中设置前景色为#F9D820，使用"铅笔"工具，在画布上绘制闪亮的星星，并灵活使用复制图层功能和自由变换功能，将星星进行变形和排列，如下中图所示。

步骤 07 在"图层"面板中选中所有星星所在的图层，单击"创建一个新图层组"按钮将图层收入组中，在菜单栏中执行"滤镜>色调调整>色相/饱和度"命令，设置"色相"为-15、"饱和度"为0、"明度"为+30，单击OK按钮进行确定，并使用自由变换功能，对星星的位置进行进一步调整，如下右图所示。

步骤 08 在"图层组4"上方新建"图层27"，设置前景色为#EED5CE，设置"混合模式"为"阴影"、其"效果"为"水彩边界"、其中"宽度"为1、"强度"为100，在"工具"面板中设置前景色为#E9D1C6，选择"画笔"工具，设置散焦为5、"画笔大小"为24、"最小大小"为0%、"混色"为22、"水分量"为23，在画布上绘制人物眼睛的阴影，并使用透明色擦除不自然的部分，如下图所示。

步骤 09 厚涂风格的人物头像绘制完成，最终效果如下图所示。

Chapter 10 为萌系少女线稿上色

本章概述

本章主要介绍利用所学的SAI知识为萌系少女线稿上色，包括使用图层组和对图层进行重命名的功能整理图层、使用选区工具和油漆桶工具铺陈底色、使用图层的混合模式使图像呈现出特殊效果等。通过对本章的学习，用户不仅可以了解对线稿进行上色的具体过程，还能更加熟悉SAI各功能的应用，从而创作出更优秀的作品。

核心知识点

❶ 掌握线稿的铺色方法
❷ 掌握分层上色的技巧
❸ 掌握搭配色彩的技巧
❹ 掌握图像的修饰方法

10.1　为线稿进行铺色

铺色通常是为作品进行上色的第一步，在线稿的基础上进行大面积铺色，可以有效控制后期上色的范围，并确定色彩的基础搭配方式。本节将详细介绍为线稿进行铺色的方式，以及如何创建和整理上色图层。

10.1.1 分类与重命名图层

为线稿进行上色时，所需创建和使用的图层常常会达到数十甚至数百个，为了能够准确找到所需的图层，我们需要对图层进行分类和重命名。

步骤01 在菜单栏中执行"文件>打开"命令，或使用Ctrl+O快捷键，在弹出的"打开画布"对话框中选择"萌系少女.png"图像文件，单击OK按钮打开。在"图层"面板中双击"图层1"，在弹出的"图层属性"对话框中设置"图层名称"为"线稿"❶，单击OK按钮❷进行确定，如下左图所示。

步骤02 在"图层"面板中单击"锁定全部"按钮❶，锁定"线稿"图层的全部内容，并选择"指定为选区样本"单选按钮❷，如下右图所示。

步骤03 在"图层"面板中单击"创建一个新图层组"按钮，选中新创建的"图层组1"，将"图层组1"拖曳到"线稿"图层的下方，并双击"图层组1"，在弹出的"图层属性"对话框中设置"图层名称"为"上色"❶，单击OK按钮❷进行确定，如下左图所示。

步骤04 重复步骤03，分别新建"肤"❶"衣"❷"猫"❸"发"❹"五官"❺"装饰"❻6个图层组，选中新建的6个图层组，全部拖入"上色"图层组中❼。图层的分类和重命名完成，如下右图所示。

10.1.2 建立选区和铺色

在为线稿进行铺色的时候，可以使用魔棒工具和"油漆桶"工具建立选区并进行填色。使用"选区笔"工具和"选区擦"工具，可以很方便地对所创建的选区进行修改。

步骤 01 在"图层"面板中选中"肤"图层组❶，并单击"肤"图层组左侧的折叠按钮打开"肤"图层组❷。单击"创建一个新图层"按钮❸，并双击所新建的"图层1"，在弹出的"图层属性"对话框中设置"图层名称"为"底"❹，单击OK按钮确定，如下左图所示。

步骤 02 在"工具"面板中选择魔棒工具❶，设置"选区取样模式"为"被线条包围的透明区域"、其中"透明容差范围"为100、"取样来源"为"指定为选区样本的图层"，勾选"消除锯齿"复选框❷，如下右图所示。

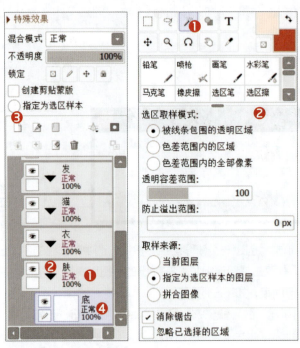

步骤 03 使用魔棒工具，在画布上选择人物的皮肤部分，并使用"选区笔"工具和"选区擦"工具将选区修改得更加细致，如下左图所示。

步骤 04 在"工具"面板中设置前景色为# F7E7DC，选择"油漆桶"工具，在画布上进行单击，填充选区的颜色，并按下Ctrl+D组合键取消选区，如下右图所示。

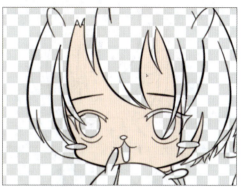

步骤 05 重复步骤01，在"图层"面板中的"发"图层组中新建"图层1"，并将"图层1"命名为"底"。重复步骤03，为人物的头发部分建立选区。重复步骤04，填充选区的颜色为# FFB2BB，如下图所示。

步骤 06 重复步骤01，在"图层"面板中的"衣"图层组中新建3个图层，并分别重命名为"靴""臂""裙"。选中"裙"图层，重复步骤03，为人物的裙子部分建立选区。重复步骤04，填充选区的颜色为# 48B4F8，如下图所示。

步骤 07 在"图层"面板中选中"臂"图层，重复步骤03，为人物的手臂建立选区。重复步骤04，使用颜色# FFBBBA填充人物的左手臂，使用颜色#B17563填充人物的右手臂和肩膀，如下左图所示。

步骤 08 在"图层"面板中选中"靴"图层，重复步骤03，为人物的靴子建立选区。重复步骤04，填充选区的颜色为#080E2E，如下右图所示。

步骤 09 重复步骤01，在"图层"面板中的"猫"图层组中新建"图层1"，并将"图层1"命名为"底"。重复步骤03，为猫建立选区。重复步骤04，填充选区的颜色为#FFFFFF，如下左图所示。

步骤 10 重复步骤01，在"图层"面板中的"装饰"图层组中新建3个图层，并分别重命名为"尾巴""飘带""红晕"。选中"红晕"图层，重复步骤03，为人物脸上的红晕建立选区。重复步骤04，填充选区的颜色为# D86A73。选中"飘带"图层，重复步骤03，为人物头上和身后的飘带建立选区。重复步骤04，填充选区的颜色为# D86A73。选中"尾巴"图层，重复步骤03，为人物身后的尾巴建立选区。重复步骤04，填充选区的颜色为# FFB2BB，如下右图所示。

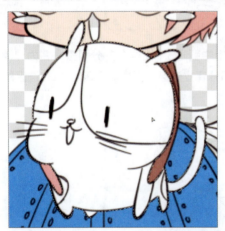 

步骤 11 在"图层"面板中选中"五官"图层组，在"五官"图层组中新建"眼睛"图层组。在"眼睛"图层组中新建3个图层，并从上到下分别重命名为"睫毛""瞳孔"和"眼白"，分别使用颜色#E35447、颜色# FFB2BB、颜色#FFFFFF填充人物的睫毛、瞳孔和眼白，如下左图所示。

步骤 12 在"五官"图层组中新建"口鼻"图层，使用颜色#FFBBBA填充人物的口鼻，如下右图所示。

步骤13 选中"猫"图层组中的"底"图层，在"底"图层上方新建一个图层，并将所新建的图层设置为"底"图层的剪贴蒙版。在新建的图层上分别填充猫咪左脸和右后腿上的颜色为#F27D11，填充猫咪右脸和左前腿上的颜色为#230600，如下左图所示。

步骤14 在"图层"面板中选中"线稿"图层，在"线稿"图层上方新建一个图层，并将所新建的图层设置为"线稿"图层的剪贴蒙版。在"工具"面板中选择"铅笔"工具，在新建的图层上使用颜色#C64A58为人物的头发、尾巴和靴子部位的线稿填色，使用颜色#0D5EBC为人物的裙子、飘带、猫咪的尾巴和身体部位的线稿填色，使用颜色# B25B10为猫咪右脸部位的线稿填色，如下右图所示。

步骤15 在"图层"面板中新建一个图层，并设置为"线稿"图层的剪贴蒙版。在"工具"面板中选择"喷枪"工具，设置散焦为1、"画笔大小"为300、"最小大小"为50%、"画笔浓度"为30、"最小浓度"为0%，分别使用颜色# F98687和颜色# A8EB3A，为人物头部部分的线稿增加渐变色彩，如下左图所示。

步骤16 使用颜色#4595F5，为人物裙子部分的线稿增加渐变色彩，并使用"橡皮擦"工具擦除多余的部分，如下右图所示。

10.2　人物头发的上色

　　对于头发的上色，需要为头发添加适当的阴影和高光，并注意头发的层次感。综合使用铅笔、画笔等工具，灵活利用图层的混合模式，可以为图像添加具有层次感的色彩。本节将详细介绍为人物头发上色的过程。

10.2.1 为头发增加阴影

　　为了使头发更具层次感，我们需要为头发添加适当的阴影。使用"铅笔"工具、"画笔"工具可以为头发绘制有层次的阴影纹理，使用"水彩笔"工具或在菜单栏中执行"滤镜>模糊>高斯模糊"命令，可以使所绘制的色彩边界模糊。

步骤01 在"图层"面板中的"发"图层组中新建一个图层，将所新建的图层的"混合模式"设置为"阴影"，并将所新建的图层设置为"底"图层的剪贴蒙版。在"工具"面板中选择"铅笔"工具，设置散焦为5、"最大大小"为0、"画笔浓度"为100、"最小浓度"为100%，设置前景色为#BD4445，在画布上绘制人物头发的纹理，如右图所示。

步骤 02 在菜单栏中执行"滤镜>模糊>高斯模糊"命令，在弹出的"高斯模糊"对话框中设置"半径"为0.4❶，单击OK按钮❷进行确定，对铅笔过硬的线条稍作模糊，如下图所示。

步骤 03 为"底"图层新建一个剪贴蒙版图层，让新建的剪贴蒙版图层位于其它剪贴蒙版的上方，并将其"混合模式"设置为"阴影"。在"工具"面板中选择"画笔"工具，设置颜色为# BF502C，设置散焦为5、"画笔大小"为45、"最小大小"为0%、"画笔浓度"为100、"最小浓度"为100%、"混色"为20、"水分量"为30、"色延伸"为20，在画布上绘制头发的阴影，如下左图所示。

步骤 04 在"工具"面板中选择"水彩笔"工具，设置散焦为1、"画笔大小"为100、"最小大小"为0%、"画笔浓度"为100、"最小浓度"为100%、"混色"为100、"水分量"为100、"色延伸"为0，模糊方才所绘制的阴影，如下右图所示。

步骤 05 在"图层"面板中为"底"图层新建一个剪贴蒙版图层，让新建的剪贴蒙版图层位于其它剪贴蒙版的上方，并将其"混合模式"设置为"阴影"。在"工具"面板中选择"画笔"工具，在画布上绘制头发的阴影，如下左图所示。

步骤 06 重复步骤03、04，再次在相同位置绘制并模糊头发的阴影，如下右图所示。

10.2.2 为头发增加高光

为了使头发更具体积感，我们需要为头发适当地增加高光。使用"画笔"工具和"水彩笔"工具可以为头发增加高光，使用"铅笔"工具可以让头发的高光表现更加生动。

步骤 01 在"图层"面板中为"发"图层组中的"底"图层新建一个剪贴蒙版图层，让新建的剪贴蒙版图层位于其它剪贴蒙版的上方，并将其"混合模式"设置为"发光"。在"工具"面板中选择"画笔"工具，设置前景色为#FFFFFF，在画布上绘制人物头发的高光，如下左图所示。

步骤 02 在"工具"面板中选择"水彩笔"工具，设置混色为100、水分量为100，设置"画笔浓度"为73，在画布上模糊方才所绘制的高光，如下右图所示。

步骤 03 在"工具"面板中选择"画笔"工具，设置"画笔大小"为6，增强头发的高光，如下左图所示。

步骤 04 在"图层"面板中为"发"图层组中的"底"图层新建一个剪贴蒙版图层，让新建的剪贴蒙版图层位于其它剪贴蒙版的上方，并将其"混合模式"设置为"发光"。在"工具"面板中选择"铅笔"工具，设置"画笔大小"为1、"最小大小"为0%，在头发上增加高光发丝，头发高光绘制完毕，如下右图所示。

10.2.3 调整颜色

当所绘制的颜色并不符合需要的时候，用户可以使用滤镜对图像的颜色进行调整。在本次案例当中，人物头发上色完成后的颜色略显暗沉，因此我们需要使用"色相/饱和度"滤镜将颜色变得更加明亮。

步骤 01 在"图层"面板中选择"发"图层组，在菜单栏中执行"滤镜>色调调整>色相/饱和度"命令，在打开的"色相/饱和度"对话框中设置"饱和度"为+40、"明度"为+45❶，单击OK按钮❷进行确定，如下左图所示。

步骤 02 头发颜色调整完毕，如下右图所示。

10.3　人物身体的上色

　　对于人物身体的上色，通常可以分为人物的皮肤、人物的衣服和装饰细节三个部分。为绘画工具设置"画笔形状"，可以为所绘制的图像添加特殊的纹理。人物身体的上色同样需要注意光影之间的关系，本节将详细介绍人物身体的上色方式。

10.3.1　人物皮肤的上色

　　适当地为人物的皮肤增加阴影和高光，可以使人物的面部更加鲜活。对于人物皮肤的上色，皮肤阴影的选择应和皮肤的色调一致。

步骤 01 在"图层"面板中为"肤"图层组中的"底"图层新建一个剪贴蒙版图层，并将其"混合模式"设置为"阴影"。在"工具"面板中选择"画笔"工具，设置前景色为# FF5438、"画笔大小"为50、"最小大小"为0%、"混色"为20、"水分量"为35、"色延伸"为20，在画布上绘制头发的投影，如下左图所示。

步骤 02 在菜单栏中执行"滤镜>模糊>高斯模糊"命令，在弹出的"高斯模糊"对话框中设置"半径"为0.5，单击OK按钮进行确定，模糊阴影的边界，如下右图所示。

步骤 03 在"工具"面板中选择"画笔"工具，并在画布上绘制人物眉毛、眼睛和脸庞的阴影，如下左图所示。

步骤 04 在"图层"面板中新建一个图层，拖曳至所有图层的上方，并设置其"混合模式"为"发光"，其

"不透明度"为25%，在"工具"面板中设置前景色为# F7E7DC，选择"喷枪"工具，设置散焦为1、"画笔大小"为300、"最小大小"为50%、"画笔浓度"为30、"最小浓度"为0%，在人物头部中上方晕染光泽，如下右图所示。

步骤 05 在"图层"面板中为"肤"图层组中的"底"图层新建一个剪贴蒙版图层，让新建的剪贴蒙版图层位于其它剪贴蒙版的上方，并将其"混合模式"设置为"阴影"。在"工具"面板中设置前景色为#F13422，选择"画笔"工具，继续增加皮肤阴影的细节，如下左图所示。

步骤 06 在菜单栏中执行"滤镜>色调调整>色相/饱和度"命令，在打开的"色相/饱和度"对话框中设置"色相"为-10、"饱和度"为-40、"明度"为+20，修饰人物面部的颜色，如下右图所示。

10.3.2 人物衣裙的上色

对人物的衣裙进行上色，需要注意人物衣裙的材质。以本次案例为例，在为人物的衣裙进行基本的上色之余，还需要注意为人物的衣裙增加细节装饰。

步骤 01 在"图层"面板中为"衣"图层组中的"裙"图层新建一个剪贴蒙版图层，并将其"混合模式"设置为"阴影"。在"工具"面板中选择"画笔"工具，设置前景色为# 48B4F8，加深裙子上镶嵌的蕾丝花边的颜色，并使用"橡皮擦"工具擦除多余的部分，如下左图所示。

步骤 02 在"图层"面板中为"裙"图层新建一个剪贴蒙版图层，让新建的剪贴蒙版图层位于其它剪贴蒙版的上方。在"工具"面板中设置前景色为# 00309D，选择魔棒工具，在画布上建立选区，并按下Alt+Delete组合键填充选区，如下右图所示。

步骤 03 在"图层"面板中为"裙"图层新建一个剪贴蒙版图层，让新建的剪贴蒙版图层位于其它剪贴蒙版的上方，并将其"混合模式"设置为"发光"。在"工具"面板中设置前景色为# 30D5FF，选择"画笔"工具，继续为裙子填色，如下左图所示。

步骤 04 在"工具"面板中选择"铅笔"工具，设置散焦为5、"画笔大小"为1、"最小大小"为0%、"画笔浓度"为100、"最小浓度"为100%，绘制裙子的蕾丝，并使用"橡皮擦"工具擦除多余的部分，如下右图所示。

步骤 05 在"图层"面板中为"裙"图层新建一个剪贴蒙版图层，让新建的剪贴蒙版图层位于其它剪贴蒙版的底层，并将其"混合模式"设置为"阴影"。在"工具"面板中设置前景色为#0032A3，选择"画笔"工具，设置"画笔大小"为66、"最小大小"为0%、"混色"为35、"水分量"为77、"色延伸"为18，在画布上绘制裙子的阴影，并使用"橡皮擦"工具擦除多余的部分，如下左图所示。

步骤 06 在"图层"面板中为"裙"图层新建一个剪贴蒙版图层，让新建的剪贴蒙版图层位于其它剪贴蒙版的底层，在"工具"面板中选择"画笔"工具，设置散焦为1、"画笔大小"为300、"最小大小"为0%，为裙子的上半部分添加阴影。设置"画笔大小"为50，适当描绘蕾丝的下半部分，如下右图所示。

步骤07 在"图层"面板中为"靴"图层新建一个剪贴蒙版图层，设置"混合模式"为"发光"，在"工具"面板中设置前景色为# 19082E，使用"画笔"工具，为靴子添加亮面，如下左图所示。

步骤08 在"图层"面板中为"臂"图层新建一个剪贴蒙版图层，设置"混合模式"为"阴影"，在"工具"面板中选择"画笔"工具，设置散焦为1、"画笔大小"为45、"最小大小"为0%、"混色"为35、"水分量"为70、"色延伸"为20，使用颜色# B27664绘制人物右手臂的阴影，使用颜色# FFBBBA绘制人物左手臂的阴影，如下右图所示。

步骤09 在"工具"面板中选择"衣"图层组，在菜单栏中执行"滤镜>色调调整>色相/饱和度"命令，在打开的"色相/饱和度"对话框中设置"色相"为–5、"饱和度"为+26、"明度"为+30❶，单击OK按钮❷进行确定，如下左图所示。

步骤10 人物衣裙颜色调整完毕，效果如下右图所示。

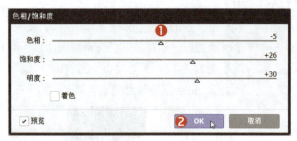 

10.3.3 装饰物的上色

对装饰物进行上色，需要注意色彩的协调，尽量使用已有的颜色或在已有颜色的基础上进行上色，并注意为装饰物塑造适当的体积感。

步骤01 在"图层"面板中为"猫"图层组中的"底"图层新建一个剪贴蒙版图层，在"工具"面板中设置前景色为#230600，描绘猫左耳的轮廓，并使用颜色# FFBDC6填充猫左耳的内部，如下左图所示。

步骤02 在"工具"面板中设置前景色为# F27D11，描绘猫右耳的轮廓，并使用颜色# FFBDC6填充猫右耳的内部，如下右图所示。

步骤 03 在"工具"面板中设置前景色为# FFCD4E，为眼睛的轮廓描边，并使用颜色#FFFFFF在眼睛上绘制高光，如下左图所示。

步骤 04 在"工具"面板中设置前景色为# E4DDDC，选择"画笔"工具，设置散焦为1、"画笔大小"为50、"最小大小"为0%、"水分量"为35、"混色"为15、"色延伸"为20，在画布上绘制猫咪身体的阴影，如下右图所示。

步骤 05 在"工具"面板中设置前景色为#230600，选择"画笔"工具，设置画笔形状为"渗化和杂色"、其"强度"为100，在猫尾上绘制深色，并使用颜色# F27D11在猫尾上绘制浅色，如下左图所示。

步骤 06 在"图层"面板中新建一个图层，设置"效果"为"水彩边界"、其"宽度"为1、"强度"为32，在"工具"面板中设置前景色为#FA5D6B，在画布上描绘人物猫耳的轮廓，并使用颜色#FFFFFF填充人物猫耳的内部，如下右图所示。

步骤 07 在"图层"面板中的"装饰"图层组中为"飘带"图层新建一个剪贴蒙版图层，设置"混合模式"为"阴影"，设置"质感"为"画布"、其"强度"为100、"倍率"为175%，在"工具"面板中设置

前景色为#ED685D，选择"画笔"工具，设置散焦为5、"画笔大小"为35，在画布上绘制人物发带的纹理，如下左图所示。

步骤 08 在"图层"面板中为"飘带"图层新建一个剪贴蒙版图层，让新建的剪贴蒙版图层位于其它剪贴蒙版的上方，并将其"混合模式"设置为"阴影"。在"工具"面板中设置"画笔"工具的画笔形状为【常规的圆形】，在画布上绘制人物发带的阴影，如下中图所示。

步骤 09 在"图层"面板中为"飘带"图层新建一个剪贴蒙版图层，让新建的剪贴蒙版图层位于其它剪贴蒙版的上方，并将其"混合模式"设置为"发光"，使用"画笔"工具，在画布上绘制人物发带的高光，如下右图所示。

步骤 10 重复步骤07、步骤08、步骤09，绘制人物裙子的飘带，如下左图所示。

步骤 11 在"图层"面板中为"尾巴"图层新建一个剪贴蒙版图层，在"工具"面板中选择"画笔"工具，设置散焦为5、"画笔大小"为50、画笔形状为"渗化和杂色"，分别使用颜色# FFD1D5、颜色# E45A4C、颜色# EA1C21，在尾巴尖上绘制层叠的色彩，如下中图所示。

步骤 12 在"工具"面板中选择"水彩笔"工具，设置散焦为5、"画笔大小"为40、"混色"为100、"水分量"为100，晕染方才绘制的色彩，如下右图所示。

 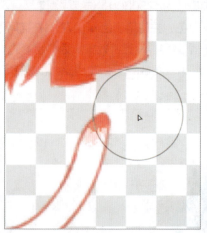 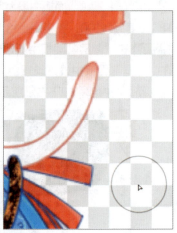

步骤 13 重复步骤12，绘制尾巴根部的色彩，如下左图所示。

步骤 14 在"图层"面板中为"五官"图层组中的"口鼻"图层新建一个剪贴蒙版图层，在"工具"面板中设置前景色为# F46456，填充人物口鼻的颜色，并使用颜色#FFFFFF，绘制人物鼻子的高光，如下右图所示。

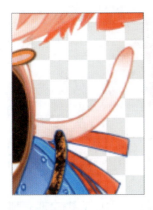

10.4　人物眼睛的上色

在使用SAI绘制人物的过程中，对人物眼睛进行上色是上色过程中较为复杂的部分。适当地结合图层的混合模式对人物的眼睛进行上色，可以使色彩更加鲜艳明亮，效果更加独特醒目。本节将详细介绍人物眼睛的上色方式。

步骤 01 在"五官"图层组中的"眼睛"图层组中新建一个图层，并设置为"瞳孔"图层的剪贴蒙版，在"工具"面板中设置前景色为# FFBA3B，填充人物的瞳孔，如下左图所示。

步骤 02 为"瞳孔"图层新建一个剪贴蒙版图层，让新建的剪贴蒙版图层位于其它剪贴蒙版的上方，并将其"混合模式"设置为"阴影"。在"工具"面板中设置前景色为# EB9A00，选择"喷枪"工具，设置散焦为1、"画笔大小"为25、"最小大小"为50%、"画笔浓度"为30、"最小浓度"为0%，在画布上进行绘制，如下右图所示。

步骤 03 在阴影图层的下方为"瞳孔"图层新建一个剪贴蒙版图层，在"工具"面板中选择"画笔"工具，设置散焦为5、"画笔大小"为35、"最小大小"为0%、"画笔浓度"为100、"最小浓度"为100%、"混色"为35、"水分量"为0、"色延伸"为20，在画布上进行绘制，如右图所示。

步骤 04 在刚才所建立的剪贴蒙版图层的上方新建一个剪贴蒙版图层，在"工具"面板中设置前景色为# E63404，在画布上进行绘制，如右图所示。

步骤 05 将步骤03、步骤04的图层的"效果"设置为"水彩边界"，设置"宽度"为1、"强度"为12，如下左图所示。

步骤 06 为"瞳孔"图层新建一个剪贴蒙版图层，让新建的剪贴蒙版图层位于其它剪贴蒙版的上方，并将其"混合模式"设置为"滤色"。在"工具"面板中选择"铅笔"工具，设置"画笔大小"为75，在画布上为瞳孔叠加色彩，如下中图所示。

步骤 07 为"瞳孔"图层新建一个剪贴蒙版图层，让新建的剪贴蒙版图层位于其它剪贴蒙版的上方，并将其"混合模式"设置为"发光"。使用"铅笔"工具，继续在画布上为瞳孔叠加色彩，如下右图所示。

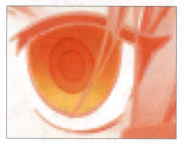  

步骤 08 在"工具"面板中选择"喷枪"工具，单击"切换前景色和透明色"按钮，分别擦除步骤03、步骤04中所绘制的瞳孔的下边缘，使色彩过度更加柔和，如下左图所示。

步骤 09 在"工具"面板中设置前景色为#FFFFFF，选择"铅笔"工具，设置散焦为5，在"眼睛"图层组中新建一个图层，让新建的图层位于组中其他图层的上方，灵活变化"铅笔"工具的"画笔大小"，绘制人物眼睛的高光，如下右图所示。

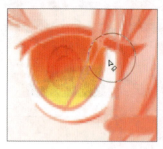 

步骤 10 在"工具"面板中设置前景色为# E7242A，选择"铅笔"工具，设置散焦为5、"画笔大小"为1、"最小大小"为0%，在"眼睛"图层组中新建一个图层，让新建的图层位于步骤09图层的下方，并设置"效果"为"水彩边界"、其"宽度"为1、"强度"为17，使用"铅笔"工具在画布上为人物眼睛的轮廓进行描边，如下左图所示。

步骤 11 在"眼睛"图层组中新建一个图层，让新建的图层位于步骤09图层的下方，并设置"效果"为"水彩边界"、其"宽度"为3、"强度"为100、"混合模式"为"阴影"、其中"不透明度"为13%，在"工具"面板中设置前景色为# E01413，选择"喷枪"工具，在画布上绘制人物眼睛的阴影，如下右图所示。

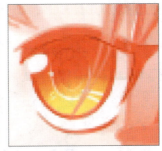

步骤 12 为"瞳孔"图层新建一个剪贴蒙版图层，让新建的剪贴蒙版图层位于其它剪贴蒙版的上方，并将其"混合模式"设置为"阴影"。在"工具"面板中选择"喷枪"工具，在画布上为瞳孔叠加阴影，如下左图所示。

步骤 13 在"图层"面板中为"睫毛"图层新建一个剪贴蒙版图层，在"工具"面板中设置前景色为#BC1C1B，选择"铅笔"工具，为睫毛叠加色彩，如下右图所示。

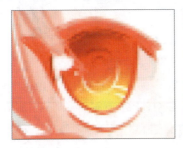
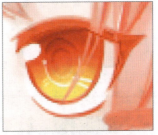

步骤 14 在"图层"面板中新建一个图层，让其位于所有图层和图层组的上方，设置"不透明度"为60%，在"工具"面板中选择"画笔"工具，设置"画笔大小"为20、"最小大小"为0%，使用颜色#FF908B补全人物的头发轮廓和与睫毛重叠的部分，使用颜色# E94532补全头发与瞳孔重叠的部分，如下左图所示。

步骤 15 在"图层"面板中选中所有图层，单击"创建一个新图层组"将所有图层移入组中❶，在菜单栏中执行"图层>复制图层"命令❷，单击"合并所选图层"按钮合并图层组❸，如下右图所示。

10.5　整体效果的细化和修改

　　对图像的绘制基本完成后，为了使图像效果更佳，我们还需要对图像整体进行再度细化和修改。对整体效果的细化和修改，可以修正绘画过程中的一些疏漏和失误，本节将对此进行详细介绍。

步骤 01 在"工具"面板中选择套索工具,设置"选择方法"为"多边形",在画布上对裙子变形的部分绘制选区,如下左图所示。

步骤 02 按下Ctrl+T组合键,对选区进行自由变换,按住Ctrl键拖曳四角的控制点进行变形,完成后按Enter键进行确定,如下右图所示。

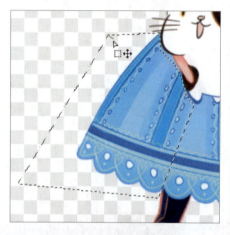

步骤 03 重复步骤01、步骤02,对裙子的右侧进行变形,如下左图所示。

步骤 04 在菜单栏中执行"滤镜>色调调整>色相/饱和度"命令,在弹出的"色相/饱和度"对话框中设置"色相"为0、"饱和度"为+38、"明度"为+17,单击OK按钮进行确定,如下右图所示。

步骤 05 在"图层"面板中创建一个新图层,并让新图层位于合并图层的下方,在"工具"面板中设置前景色为# 71D4F9、背景色为# F1BAC2,选择"渐变"工具,设置"形状"为"直线",选择"前景色到背景色"单选按钮,勾选"翻转"复选框和"S字曲线变化颜色"复选框,在画布上从左上至右下绘制渐变颜色,如右图所示。

步骤 06 在"图层"面板中选择合并图层,在"工具"面板中选择魔棒工具,设置"选区取样模式"为"被线条包围的透明区域"、其"取样来源"为"当前图层",在画布上进行单击,选择人物以外的部分,单击快捷栏中的"反向选区"按钮,如右图所示。

步骤 07 在菜单栏中执行"选择>扩展选区"命令,在弹出的"扩展选区"对话框中设置"宽度"为20,单击OK按钮进行确定,如下左图所示。

步骤 08 在合并图层的下方、渐变图层的上方新建一个图层,在"工具"面板中设置前景色为#FFFFFF,按下Alt+Delete组合键进行颜色填充,如下右图所示。

步骤 09 在所有图层上方新建一个图层,在"工具"面板中选择"铅笔"工具,设置前景色为# FD624C,对人物面部的线条进行修饰,如下左图所示。

步骤 10 萌系少女线稿上色完毕,最终效果如下右图所示。

课后练习答案

Chapter 01

1. 选择题

（1）AD　（2）ACD　　　　（3）BCD

2. 填空题

（1）状态栏

（2）"色轮""RGB滑块""HSV/HSL滑块""中间色条""用户色板"和"调色盘"

（3）红、绿、蓝

Chapter 02

1. 选择题

（1）B　（2）AD　（3）B

2. 填空题

（1）Ctrl+Z

（2）多

（3）轴对称

Chapter 03

1. 选择题

（1）AC　（2）B　（3）ABD

2. 填空题

（1）可以放大或缩小视图

（2）选区内的

（3）移动画布在视图中的具体位置

Chapter 04

1. 选择题

（1）B　（2）A　（3）A

2. 填空题

（1）【常规的圆形】

（2）后来添加的色彩和图像上原有的色彩进行混合

（3）画笔纹理的缩放倍率

Chapter 05

1. 选择题

（1）C　（2）BD　（3）B

2. 填空题

（1）对所绘制的图像进行擦除

（2）类似使用手指搅拌涂抹颜料

（3）对选区或图层进行渐变填充

Chapter 06

1. 选择题

（1）A　（2）BD　（3）ABCD

2. 填空题

（1）钢笔图层、形状图层和文本图层

（2）修改和拼接

（3）黑色

Chapter 07

1. 选择题

（1）A　（2）AD　（3）AC

2. 填空题

（1）混合两个或多个图层之间的色彩

（2）"阴影""发光"和"明暗"

（3）黑白图像